KB173023

라그랑주가 들려주는 운동 법칙 이야기

라그랑주가 들려주는 운동 법칙 이야기

ⓒ 송은영, 2010

초 판 1쇄 발행일 | 2005년 11월 7일
개정판 1쇄 발행일 | 2010년 9월 1일
개정판 12쇄 발행일 | 2021년 5월 28일

지은이 | 송은영
펴낸이 | 정은영
펴낸곳 | (주)자음과모음

출판등록 | 2001년 11월 28일 제2001-000259호
주   소 | 04047 서울시 마포구 양화로6길 49
전   화 | 편집부 (02)324-2347, 경영지원부 (02)325-6047
팩   스 | 편집부 (02)324-2348, 경영지원부 (02)2648-1311
e-mail | jamoteen@jamobook.com

ISBN 978-89-544-2063-1 (44400)

라그랑주가
들려주는

운동 법칙
이야기

| 송은영 지음 |

가 속 운동

|주|자음과모음

라그랑주를 꿈꾸는 청소년을 위한
'운동 법칙' 이야기

세상에는 두 부류의 천재가 있다고 합니다. 한 부류는 창의적인 사고가 너무도 기발하고 독창적이어서 우리와 같은 평범한 사람은 결코 따라갈 수 없는 천재입니다. 그리고 또 한 부류는 우리도 부단히 노력만 하면, 그와 같이 될 수 있을 것 같은 천재입니다.

앞의 예로는 아인슈타인이 대표적입니다. 이런 사람은 한 세기에 한 명 나올까 말까 한 명석한 두뇌를 지니고 있는 천재로, 인류 문명에 새로운 물꼬를 혁명적으로 터 주지요. 아인슈타인은 말할 것 없고, 우리도 될 수 있을 것 같은 천재들에게서 남다르게 나타나는 것은 '빛나는 창의적 사고' 입니다.

빛나는 창의적 사고와 직접적인 연관이 있는 것은 '생각하는 힘' 입니다. 생각하는 힘은 아무리 칭찬을 해 주어도 지나치지 않습니다. 이런 취지에서 창의적인 사고를 십분 키울 수 있는 방향으로 글을 썼습니다.

　　이 책에서는 뉴턴의 운동 법칙에 대한 이야기를 풀어 놓고 있습니다. 고전 물리학의 완성자 뉴턴은 운동을 3가지 법칙으로 나누어서 종합해 놓았지요. 그러나 뉴턴의 운동 법칙은 갈릴레이의 탁월한 업적이 있었기에 가능한 일이었습니다. 그런 의미에서 이 글은 아리스토텔레스가 주장한 힘의 개념을 갈릴레이가 어떻게 타파하고, 관성의 개념을 어떻게 이끌어 내었는지부터 시작하고 있답니다.

　　이 글을 읽으면서 여러분의 창의적 사고가 한껏 자라길 바랍니다.

　　마음의 빚이 될 만큼 한결같이 저를 지켜봐 주시는 여러분들과 이 책이 나오는 소중한 기쁨을 함께 나누고 싶습니다. 책을 예쁘게 만들어 준 (주)자음과모음의 식구들에게도 감사의 말을 전합니다.

송 은 영

차례

운동에 대한
아리스토텔레스의 생각

물체를 움직이게 하려면 계속해서 힘을 가해야 할까요?
아리스토텔레스가 추론한 운동과 힘에 대해 알아봅시다.

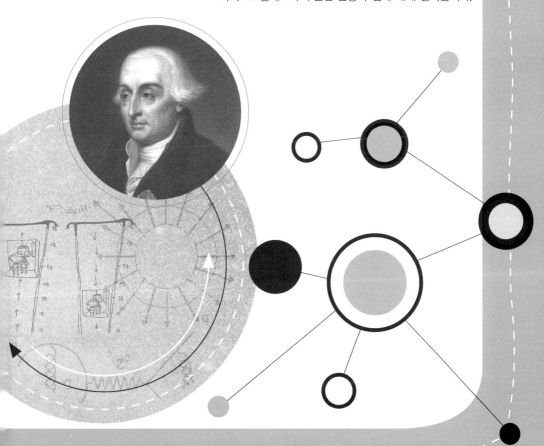

첫 번째 수업

운동에 대한
아리스토텔레스의 생각

학생들과 신나게 운동을 하고
교실로 돌아온 라그랑주가
첫 번째 수업을 시작했다.

　나, 라그랑주는 뉴턴(Isaac Newton, 1642~1727)이 죽은 뒤
에 태어난 프랑스의 이론 물리학자이며 수학자입니다. 에너지
의 개념을 도입해서 뉴턴의 운동 법칙을 더욱 발전시켰지요.
　하지만 안타깝게도 나의 이러한 업적은 중·고등학교 과정
에서는 만날 수가 없습니다. 이론적 개념이 중등 수학 교과
과정의 범위를 크게 넘어서고 있기 때문입니다. 그렇다고 이
책의 수업 내용 역시 어려운 거 아닌가 하는 걱정은 하지 마
세요. 내가 아주 쉽고, 재미나게 얘기해 줄 테니까요. 나에 대
한 얘기는 이 정도에서 끝내고 이제 본론으로 들어가 볼까요?

뉴턴은 고전 물리학을 완성한 천재 물리학자입니다. 뉴턴은 그런 위상에 걸맞게 운동 현상을 일목요연하게 정리했지요. 이것을 가리켜서 뉴턴의 3가지 운동 법칙이라고 합니다.

과학자의 비밀노트

고전 물리학

상대성 이론·양자 역학이 나타나기 이전인 20세기 초까지의 물리학을 가리킨다. 뉴턴 역학과 전자기학을 근간으로 하며 공간과 시간이 절대화되어 있고 거시적인 성질만을 다룬다. 고전 물리학의 경우에는 어떤 계의 초기 상태에 대한 정보가 주어지면, 그 이후의 계의 상태에 대한 모든 정보는 원리상 정확하게 알 수 있다는 결정론적 체계이다. 이런 이론 체계에서의 모든 불확실성은 실험 측정이나 계산상의 실수에 의한 오차이지 원리적인 면에서는 그 어떠한 불확실성도 존재하지 않는다.

뉴턴은 이 3가지 운동 법칙을 1687년에 출판한 《자연 철학의 수학적 원리》에 고스란히 담았습니다. 뉴턴의 3가지 운동 법칙은 관성의 법칙, 힘과 가속도의 법칙, 작용 반작용의 법칙입니다. 즉, 제1법칙을 관성의 법칙, 제2법칙을 힘과 가속도의 법칙, 제3법칙을 작용 반작용의 법칙이라고 하지요.

뉴턴의 운동 법칙에 대한 자세한 내용은 이 책 전체를 통해 하나하나 알차게 짚어 나갈 것입니다.

아리스토텔레스가 생각한 운동

　뉴턴의 3가지 운동 법칙은 자연에서 일어나는 운동의 원리와 현상을 명쾌하게 집약해 놓은 위대한 법칙입니다. 운동 현상과 그 안에 담긴 원리의 깊이 있는 분석이 이들을 낳은 뿌리인 셈이지요.

　하지만 뉴턴이 자연의 운동 현상을 심도 있게 분석한 최초의 과학자는 아니랍니다. 그보다 앞서 고전 물리학의 창시자 갈릴레이(Galileo Galilei, 1564~1642)가 있었고, 갈릴레이에 앞서 아리스토텔레스(Aristoteles, B.C.384~B.C.322)가 있었

그래! 그래!

나! 운동

아리스토텔레스는
최초로 운동을
분석했답니다.

습니다.

　고대 그리스의 대학자 아리스토텔레스는 서양 학문의 큰 틀을 짠 사람입니다. 그는 물체의 운동을 크게 둘로 나누었지요.

　물체의 운동은 하늘에서 일어나는 운동과 땅에서 일어나는 운동이 있다.

물체의 운동은
하늘에서 일어나는
운동과 땅에서 일어나는
운동으로 구분하노라.

　아리스토텔레스는 또 이렇게 말했습니다.

　하늘에서 일어나는 운동과 땅에서 일어나는 운동은 본질적으로 다르다.

물체의 운동을 2가지로 나눈 이상, 이렇게 구분하는 것은 당연합니다. 아리스토텔레스는 하늘과 땅에서 일어나는 운동을 이렇게 보았습니다.

하늘은 신이 사는 곳이니 그곳에서 일어나는 운동은 신성할 뿐 아니라 영원히 계속되어야 한다. 반면, 땅은 미천한 동식물이 사는 곳이니 그곳에서 일어나는 운동은 천할 뿐만 아니라 오래 지속되어서는 안 된다.

하늘의 운동은
영원하도다.

그러면서 아리스토텔레스는 하늘에서는 원운동, 땅에서는 직선 운동을 해야 한다고 주장했는데, 그 근거를 사고 실험으로 알아봅시다. 사고 실험은 머릿속 생각 실험입니다. 실험

기기를 사용해서 하는 실험이 아니라, 논리적으로 생각해서 결론을 멋지게 유도해 내는 상상 실험인 것입니다. 창의력과 사고력을 쑥쑥 키워 주는 창조적 실험이지요.

영원히 계속 이어지려면 끊어져서는 안 돼요.

원은 끊어지지 않아요.

빙글빙글 한없이 돌 수가 있거든요.

원을 따라서 도는 운동은 원운동이에요.

하늘에서 일어나는 운동이 원운동을 하는 이유예요.

반면, 잠깐 동안만 이어지려면 끊어져야 해요.

직선은 시작과 끝이 있어요.

그리고 시작과 끝이 달라요.

땅에서의 운동은 직선 운동이 되어야 하나니….

시작과 끝이 다르다는 것은 끊어진다는 거예요.

직선을 따라서 움직이는 운동은 직선 운동이에요.

땅에서 일어나는 운동이 직선 운동을 하는 이유예요.

운동에 대한 이러한 생각을 바탕에 깔고 아리스토텔레스는 운동에 대한 최종 결론을 내립니다. 이렇게 말이지요.

운동을 계속 이어 나가게 하려면 힘을 주어야 한다.

즉, 물체는 외부에서 계속적인 힘을 받지 않고서는 한없이 운동을 이어 나갈 수 없다고 본 것입니다.

아리스토텔레스에서 갈릴레이로

물체가 계속해서 운동을 하려면 외부에서 계속적인 힘을 받아야 한다는 아리스토텔레스의 생각은 언뜻 듣기에는 그르지 않은 것 같습니다. 예를 들어 교실에서 청소를 하는 경우를 생각해 보세요. 교실 청소를 하기 위해서는 일단 책상과 의자를 옮기고, 다시 제자리에 갖다 놓고 해야 하는데, 이것이 모두 밀고 끄는 행동에 의해서 이루어지잖아요. 그래서 물체가 움직인다고 하면 우리는 자연스레 밀고, 끌고, 당기는 것을 떠올리게 됩니다.

밀고, 끌고, 당기는 것은 힘 없이는 불가능한 일이지요. 즉,

아리스토텔레스의 힘에 관한 생각이 맞는 것 같지 않니?

책상과 의자를 밀고, 끌고, 당기기 위해서는 힘을 주어야만
합니다. 이러한 현상을 통해 힘을 주지 않으면 물체는 움직
이지 않는다는 생각을 이끌어 낸 것입니다. 그래서 다음과
같은 결론이 당연한 듯 여겨졌습니다.

밀고, 끌고, 당기지 않으면 물체는 정지한다.

이것은 아리스토텔레스가 내세운 주장과 다르지 않습니다.
그리고 너무나 당연한 말인 듯싶습니다.
그런데 정말 그럴까요?
아리스토텔레스의 주장을 반격한 과학자가 2천여 년이 지

아리스토텔레스의
힘에 관한 생각이
얼핏 보면 맞는 것 같지만,
닐은 그렇지가 않답니다.

난 후에 나타났으니 그가 바로 갈릴레이였습니다.

다음 수업에서 갈릴레이가 아리스토텔레스의 생각이 완벽하지 않다는 것을 어떻게 증명했는지 알아보겠습니다.

좀 더 세게 밀어 봐!

힘들어서 더 못 밀겠어.

역시 물체가 운동하려면 힘을 계속 줘야 하는구나.

맞아!

그런 생각을 처음 한 사람은 그리스의 대학자 아리스토텔레스였답니다.

아리스토텔레스가 정확하게 뭐라고 했어요?

물체의 운동은 하늘에서 일어나는 운동과 땅에서 일어나는 운동으로 되어 있고, 두 운동은 본질적으로 다르다고 했지요.

하늘과 땅의 운동은 본질적으로 달라

어떻게 다르다고 했어요?

하늘은 신이 사는 곳으로 신성할 뿐 아니라 영원하다고 생각했으며, 주로 원운동이 일어난다고 이야기했지요.

그럼 땅은요?

땅은 미천한 동식물이 사는 곳이니 그곳에서 일어나는 운동은 천할 뿐만 아니라 오래 지속되어서는 안 되며, 직선 운동이 일어난다고 했죠.

즉, 물체는 외부에서 계속적인 힘을 받지 않고서는 한없이 운동을 이어 나갈 수 없다고 본 것입니다.

너무 당연한 것 아닌가요?

2

갈릴레이의 실험 1

비탈을 내려오는 공의 움직임은 시간이 갈수록 어떻게 변할까요?
갈릴레이의 실험을 통해 알아봅시다.

2

두 번째 수업

갈릴레이의 실험 1

라그랑주가
갈릴레이에 대한 이야기로
두 번째 수업을 시작했다.

실험 정신을 중시한 갈릴레이

학창 시절 갈릴레이의 별명은 싸움닭이었습니다. 갈릴레이
가 질문과 논쟁을 하도 좋아해서 급우들이 붙여 준 별명이지
요. 갈릴레이는 어른이 되어서도 그런 성격을 버리지 않았습
니다. 아니, 오히려 더 키워 갔지요. 그래서 의문점을 파고드
는 데 있어서라면 자타가 공인하는 일인자의 위치에 오르게
되었습니다.

그러나 당시의 학자들은 그런 갈릴레이를 좋게 보지 않았

습니다. 갈릴레이가 종종 매우 껄끄러운 질문을 던져 왔기 때문입니다. 그래서 대답하기 곤혹스러운 문제를 만나게 되면 학자들은 어처구니없다는 식으로 회피하곤 하였습니다. 개중에는 오히려 갈릴레이를 심하게 나무라는 사람도 있었습니다. 그런 말도 안 되는 질문은 더 이상 하지 않는 게 신상에 좋다는 식으로 말이지요.

갈릴레이가 살던 시대는 종교계의 힘이 무척이나 막강하던 시기였습니다. 철옹성을 쌓은 교회의 교리에 반하는 질문과 논쟁은 결단코 받아들이지 않았지요. 종교계의 힘있는 권력자들이 휘두른 서슬 퍼런 압력에 과학이 좀처럼 기를 펴지 못했던 살벌한 시절이었습니다.

하지만 갈릴레이는 과학에서만큼은 그러한 풍토가 널리 퍼져서는 안 된다는 것을 누구보다도 잘 알고 있었습니다. 그렇게 해서는 절대로 과학이 온전하게 발전할 수 없다는 것을 똑똑히 인지하고 있었습니다. 갈릴레이의 그러한 생각은 다음의 말에도 그대로 드러납니다.

자연 현상의 참과 거짓을 명백하게 밝히기 위해서는 누구나가 충분히 납득할 수 있는 구체적인 증거를 떳떳하게 제시해야 합니다. 그 증거란 이론뿐 아니라, 실험적인 관찰까지도 포함해야 합니다. 이론적 논리성과 합리성을 확인하는 데 실험만큼 좋은 방법은 없으니까요. 실험은 여러 번에 걸쳐서 동일한 과정을 수시로 반복하고 검토

힘으로 과학의 진리를 막고
눌러서는 안 되는데…

부처가 말하기를…

모든 건은
하느님
뜻입니다.

해 볼 수 있는 장점을 가지고 있어요. 뿐만 아니라 실험은 그 결과를 두 눈으로 똑똑히 확인할 수 있다는 장점까지 가지고 있답니다.

　　종교의 거대한 힘 앞에 과학이 무력할 수밖에 없던 그 시절, 그래서 과학이 유치한 단계에 오랫동안 머물러 있을 수밖에 없고, 진보할 수 있는 징후를 좀체 찾아보기가 어려웠던 그 암울한 시절에 갈릴레이는 실험을 통한 검증의 중요성을 그렇게 절절히 깨달으며 주장했던 것입니다.

　　갈릴레이를 바라보는 주변의 시선이 당연히 고울 리가 없었지요. 그러나 그러한 시선에 아랑곳하지 않고 갈릴레이는 자유로운 상상의 틀에서 역동적으로 뿜어져 나오는 실험 정

갈릴레이의
실험 정신은
현대 과학을 이룬
주춧돌이
되었답니다.

신을 꿋꿋하게 견지해 나갔습니다.

갈릴레이는 아리스토텔레스의 운동 이론에 담긴 모순점을 밝혀내기로 마음먹었습니다. 대다수 학자들이 당연한 진리로 받아들이던 아리스토텔레스의 운동 이론에 과감히 도전장을 던진 것입니다.

'아리스토텔레스의 주장대로 운동의 추진력은 정말 반드시 필요한 것일까?'

갈릴레이는 실험실로 향했습니다.

갈릴레이의 비탈 실험 1

갈릴레이의 실험실.

실험 기기는 의외로 간단했습니다. 나무로 짠 비탈, 자그마한 쇠공, 그리고 눈금이 그어진 자가 전부였습니다.

갈릴레이는 쇠공을 집어 들었습니다. 그리고는 비탈 앞으로 다가갔습니다. 쇠공을 쥔 갈릴레이의 손이 가냘프게 떨렸습니다. 이 위대한 물리학자도 자신의 생각이 자연 현상과 맞아떨어지는지를 검증하는 최종 순간만큼은 극도의 긴장감을 감추지 못하고 있었습니다.

"푸."

갈릴레이가 숨을 깊이 들이마셨다 뱉었습니다.

두근거리는 가슴이 어느 정도 진정되자 갈릴레이는 쥐고 있던 쇠공을 살며시 놓았습니다. 갈릴레이의 손아귀에서 빠져나온 쇠공은 중력을 받으며 비탈을 신나게 굴러내려 갔습니다.

갈릴레이는 쇠공의 속도를 관찰했습니다. 쇠공은 비탈을 내려갈수록 빨라졌습니다.

쇠공의 속도 1 : 비탈 아래로 내려갈수록 증가한다.

갈릴레이는 이러한 결과가 나온 근거를 사고 실험으로 차근차근 따져 보았습니다.

공중에 있는 것은 아래로 떨어집니다.

지구 중력이 작용하기 때문이에요.

비탈 꼭대기에 있는 쇠공도 지구 중력으로부터 자유로울 수는 없어요.

중력에 맞설 지지대 없이 지표 위에 떠 있는 셈이니까요.

중력은 중력 가속도를 갖고 있어요.

떨어지는 물체에 실제로 작용하는 것은 바로 이것, 중력 가속도예요.

중력 가속도는 말 그대로 물체가 지구 중심으로 점점 가속하는 것이에요.

가속이란 속도가 점점 빨라지는 거예요.

그러니 중력 가속도를 받으면 어떻게 되겠어요?

공의 속도가 빨라지는 건은 중력 가속도 때문입니다.

그래요, 물체가 아래로 떨어지면서 속도가 점점 빨라질 거예요.
비탈을 구르는 쇠공의 속도가 아래로 내려올수록 점점 빨라지는 이유
예요.

갈릴레이의 비탈 실험 2

다음 실험은 앞의 실험과는 반대의 순서로 진행할 것입니
다. 비탈 아래에서 위쪽으로 쇠공을 밀어올리는 실험이지요.
갈릴레이는 실험을 하기 전에 사고 실험으로 결과를 예측해
보았습니다.

움직이는 쪽으로 힘을 가하면 빨라져요.

힘의 방향이 운동 방향과
반대여서 전진하기가
어려워요!!!

비탈을 내려오는 쇠공의 방향과 중력 가속도의 방향이 아래로 일치

하니까 쇠공의 속도가 빨라지잖아요.

그러면 움직이는 쪽의 반대 방향으로 힘을 가하면 어떻게 되겠어

요?

맞바람을 받으면서 달려 보세요.

앞으로 나가기가 엄청 힘들잖아요.

그래요. 움직이는 방향과 반대 방향으로 힘이 작용하면 속도는 느

려지는 거예요.

쇠공이 비탈을 오르는 것도 맞바람을 받고 달리는 거나 마찬가지예요.

쇠공의 움직임이 중력이 작용하는 방향과 반대로 작용하는 셈이니

까요.

그러니 비탈을 오르는 쇠공의 속도는 어떻게 되겠어요?

맞아요, 느려지게 돼요.

공의 속도가
느려지는 건은 중력에
거슬러 오르기 때문이지요!

비탈을 거슬러 오르는 쇠공의 속도가 위로 올라갈수록 점점 느려지는 이유예요.

곧이어 실험을 한 결과는 갈릴레이의 예측 그대로였습니다. 쇠공은 비탈을 오를수록 점점 느려졌습니다.

쇠공의 속도 2:비탈 위로 오를수록 감소한다.

아리스토텔레스의 주장은 계속 받아들여졌나요?

아닙니다. 이 주장을 반박한 과학자는 2천여 년이 지난 후에 나타났는데, 바로 갈릴레이였습니다.

갈릴레이가 어떻게 반박했나요?

갈릴레이는 실험 정신을 중시했답니다.

어떤 실험이죠?

갈릴레이는 나무로 짠 비탈, 자그마한 쇠공, 그리고 눈금이 그어진 자로 실험을 했지요.

위에서 내려올 때 어땠나요?

속도가 점점 빨라졌어요.

갈릴레이도 비탈을 내려오는 쇠공이 아래로 내려올수록 속도가 점점 빨라진다는 것을 알게 되었고, 그것은 중력 가속도 때문임을 알게 되었지요.

그럼 반대로 하면 어떻게 될까요?

거리

점점 빨라져요.

시간

미끄럼틀을 올라갈 때 힘든 것처럼 움직이는 방향과 반대 방향으로 힘이 작용하면 속도는 느려지지요.

껑껑...

3

갈릴레이의 실험 2

비탈을 내려온 공이 이어지는 평면에서는 어떻게 움직일까요?
마찰이 있는 경우와 없는 경우를 나누어 생각해 봅시다.

갈릴레이의 실험 2

라그랑주가 지난 시간에 이어
갈릴레이에 대한 이야기로
세 번째 수업을 시작했다.

갈릴레이의 남은 고민

갈릴레이는 두 가지 현상에 관해 뿌듯한 성과를 거두었습니다.

쇠공의 속도 : 비탈 아래로 내려갈수록 빨라지고, 비탈 위로 오를수록 느려진다.

그러나 갈릴레이의 표정은 전혀 밝지 않았습니다. 밝기는

커녕 오히려 심각해 보이기까지 했습니다. 갈릴레이는 고개를 저으며 실험을 돕던 제자를 바라보았습니다. 제자는 조심스레 물었습니다.

"스승님, 오늘은 더없이 좋은 실험 성과를 거둔 하루였습니다. 실험 물리학자로서의 삶이 매일 이와 같았으면 좋겠습니다. 그런데 스승님께서는 조금도 기뻐하시지 않으시니 어찌된 일이신지요?"

"결과야 이보다 더 좋을 수 없을 만큼 만족스러웠지. 다만……."

제자가 의아하다는 표정을 지었습니다.

갈릴레이는 무언가를 곰곰이 생각하는가 싶더니 이내 옆에 있는 제자도 알아듣기 힘들 정도의 자그마한 목소리로 말했습니다.

"그게…… 그게……."

제자가 다시 물었습니다.

"스승님의 고민이 무엇인가요?"

갈릴레이가 말했습니다.

"비탈을 내려온 쇠공이 평면에서는 어떻게 움직일 것 같은가?"

쇠공은 왜 정지하는 것일까?

그랬습니다. 쇠공이 줄기차게 비탈만을 내려갈 수는 없는 법입니다. 비탈의 끝에 이르면 평면이 시작될 것이고, 거기에서부터는 평면을 달리는 새로운 운동이 시작될 것입니다. 갈릴레이가 뿌듯한 결과를 얻어 놓고도 끝내 고민스러운 표정을 거두지 못했던 이유는 바로 여기에 있습니다.

비탈을 내려온 쇠공이 평면에서는 어떤 운동을 할까?

여러분은 쇠공이 평면에 이르러서는 어떻게 움직일 거라고 생각하나요? 답은 매우 다양하게 나올 수 있습니다.

비탈을 내려온 공이 평면에서 어떻게 움직일 거라고 보는가?

누구는 이렇게 말하겠죠.

"쇠공은 점점 느려집니다."

또 누구는 이렇게 말할 것입니다.

"쇠공은 점점 빨라집니다."

또 누구는 이렇게도 말할 것입니다.

"쇠공의 속도는 변하지 않을 것입니다."

또 누구는 이렇게 대답하겠죠.

"쇠공은 멈출 것입니다."

또 누구는 이렇게도 대답할 것입니다.

"쇠공은 멈추지 않고 끝없이 계속 굴러갈 것입니다."

갈릴레이의 제자는 어떻게 답했을까요? 모르긴 해도 다음과 같이 대답했을 가능성이 아주 높습니다.

공은 구르다가 정지할 걸로 생각합니다.

"쇠공은 구르다가 이내 정지할 것입니다."

땅바닥에 공을 굴려 보세요. 어떻게 되나요? 그렇습니다. 공은 구르다가 이내 멈추지요. 갈릴레이 제자의 말대로요. 여러분도 이와 다르지 않은 결과를 상상했을 것으로 믿습니다.

이러한 결론을 내리게 된 배경에는 우리가 실생활에서 쉽게 마주하는 경험 법칙이 짙게 깔려 있습니다. 축구공, 야구공, 배구공, 농구공을 어디에서건 굴려 보세요. 매끄럽게 깎은 잔디 위나 잘 다져진 흙 위, 윤이 반짝반짝 나게 닦은 코트 위에서도 예외 없이 항상 구르다가 멈춥니다.

그러나 여기에 우리의 냉정한 판단을 흐리게 하는 함정이 숨어 있습니다. 갈릴레이는 그것을 똑바로 간파하고 있었습니다.

음···.

일단, 갈릴레이의 고민으로 돌아가 봅시다.

갈릴레이는 제자의 답변을 듣고는 고개를 끄덕였습니다.

"물론, 정지하겠지."

제자는 내심 뿌듯해했습니다.

그러자 갈릴레이가 자문하듯 이렇게 물었습니다.

"그런데 쇠공은 왜 정지한다고 생각하는가?"

공이 멈추는 이유가 무언 때문이라고 생각하는가?

갈릴레이의 추론 1

왜 그럴까요? 왜 쇠공은 계속 내달리지 못하고 정지할까요? 이 물음에 갈릴레이의 제자는 즉각 대답했습니다.

"그야 매끄럽지 않아서……."

여러분도 이와 다르지 않은 답을 생각했겠지요. 갈릴레이가 제자의 말을 잘랐습니다.

"그렇지. 마찰이 있어서이겠지……."

제자는 대단히 만족한 얼굴이었습니다. 2번이나 스승으로부터 칭찬을 받은 셈이니 그럴 만도 했겠지요.

갈릴레이가 잠시 뜸을 들이더니 이렇게 물었습니다.

"그렇다면 마찰을 없애면 어떻게 될 것 같은가?"

마찰을 없애면 공이 어떻게 운동할 거라고 보는가?

그러니까 비탈을 굴러내려 온 쇠공이 마찰이 전혀 없는 평면을 굴러가게 된다면 어떻게 움직일까를 묻는 것이었습니다. 결과가 자못 궁금해지네요.

　　사고 실험으로 추론해 보겠습니다.

이번에는 양쪽에 비탈을 만들어요.

비탈은 마음대로 각도를 조절할 수가 있어요.

양쪽 비탈 사이는 평면으로 해 놓아요.

그리고 양쪽 비탈과 평면은 마찰이 전혀 없도록 해요.

왼쪽 비탈에서 쇠공을 굴려요.

쇠공은 비탈을 내려오면서 점점 빨라져요.

쇠공의 속도는 비탈이 끝나는 곳에서 최대가 되어요.

쇠공은 이 속도를 그대로 유지하면서 평면을 달려요.

그러나 마찰이 전혀 없어서 속도가 줄지 않아요.

쇠공이 평면의 끝에 이르러요.

여기서부터는 다시 오른쪽 비탈을 올라야 해요.

쇠공은 오른쪽 비탈의 어디까지 오를까요?

비탈을 오르려면 힘이 있어야 해요.

마찰은 저항이에요.

그래서 마찰이 있으면 힘을 잃게 돼요.

마찰이 없으면 힘을 잃지 않는다는 얘기예요.

양쪽 비탈과 평면 어디에도 마찰이 전혀 없으니 잃은 힘은 없을 테고,

쇠공이 비탈을 오르는 데 아무런 문제가 발생하지 않아요.

오른쪽 비탈을 거슬러 오르는 쇠공은 원래 굴러내리기 시작한 왼쪽

비탈의 높이까지 오를 거예요.

그래야 힘의 균형이 맞으니까요.

그렇습니다. 마찰이 없으면, 쇠공은 내려온 높이와 동등한

높이까지 오르게 됩니다.

왼쪽 비탈 15cm 위에서 구르기 시작했으면 오른쪽 비탈 15cm 높이만큼 오르고, 30cm 높이에서 굴렀으면 정확히 30cm 높이까지만 상승합니다.

갈릴레이의 추론 I : 마찰이 없으면 쇠공은 내려온 높이까지 오르게 된다.

내려온 높이만큼 정확히 올라가지요.

참고로 이 상황은 힘 대신 위치 에너지와 운동 에너지를 이용하면 더욱 명쾌하게 설명할 수 있습니다. 그러나 당시 이러한 에너지 개념이 확립되어 있지도 않았고, 이번 이야기의 주제를 벗어나기도 해 위치 에너지와 운동 에너지를 이용한 설명은 생략합니다.

물체가 높이 있어서 갖는 에너지를 위치 에너지, 물체가 운동하면서 갖는 에너지를 운동 에너지라고 합니다.

저 상태의 빗방울은
위치 에너지와 운동 에너지를
모두 갖고 있겠군!

갈릴레이의 추론 2

앞에서는 왼쪽, 오른쪽 비탈의 각도가 똑같았습니다. 이번에는 각도를 바꾸어 보겠습니다.

사고 실험을 하겠습니다.

오른쪽 비탈의 각도를 낮추어요.

그리고 왼쪽 비탈에서 쇠공을 놓아요.

마찰이 있으면 쇠공은 마찰의 방해를 받고 힘을 잃을 거예요.

그러면 힘이 줄어들어서 쇠공은 원래 높이만큼 오르질 못할 거예요.

그러나 마찰이라는 저항을 받지 않으면, 쇠공은 왼쪽 비탈을 내려오고 평면을 내달리면서 힘을 하나도 잃지 않을 거예요.

잃는 힘이 없으니 쇠공은 균형을 맞추기 위해서 내려온 높이만큼 오른쪽 비탈을 오를 거예요.

첫 번째 추론과 다른 것은 오른쪽 비탈의 각도가 낮으니 쇠공이 오르는 높이를 맞추기 위해 좀 더 많은 거리를 거슬러 올라가야 한다는 것뿐이에요.

그렇습니다. 마찰이 없으면 비탈을 낮추어도 쇠공은 내려온 높이와 동등한 높이까지 오르게 됩니다.

오른쪽 비탈의 각도가 60°이건, 그보다 낮은 50°이건, 45°이건, 30°이건, 15°이건 오른쪽 비탈의 기운 각도는 아무런 걸림돌이 되지 않습니다.

갈릴레이의 추론 2 : 마찰이 없으면, 비탈의 각도는 아무런 문제가 되지 않는다. 쇠공은 항상 내려온 높이까지 오른다.

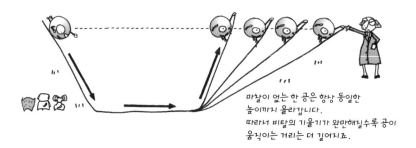

마찰이 없는 한 공은 항상 동일한 높이까지 올라갑니다.
따라서 비탈의 기울기가 완만해질수록 공이 움직이는 거리는 더 길어지죠.

갈릴레이의 추론 3

이번에는 오른쪽 비탈의 각도를 아예 없애겠습니다. 어떤 일이 벌어질지 사고 실험으로 예측해 보겠습니다.

오른쪽 비탈을 계속 낮춰 가겠어요.

그러면 쇠공은 점점 많은 거리를 움직여야 할 거예요.

왼쪽 비탈과 동일한 높이만큼 올라가야 하니까요.

그러다 마침내 오른쪽 비탈이 완전히 누우면 어떻게 되겠어요.

즉, 오른쪽 비탈이 없어진 셈이지요.

쇠공은 엄마 찾아 떠난 아이처럼 계속 달릴 거예요.

언제 만나게 될지 모를 오른쪽 비탈을 그리면서 말이에요.

이건 무슨 의미인가요?

마찰이 없는 평면이 계속 이어지면 쇠공이 끝없이 나아간다는 뜻이에요.

원래 굴러내려 가기 시작할 때 얻은 힘 이외의 힘을 계속 주지 않아도 쇠공이 한없이 굴러간다는 얘기이지요.

아리스토텔레스가 뭐라고 했지요?

물체를 계속 움직이게 하려면 추가적인 힘을 계속 주어야 한다고 했어요.

그런데 쇠공은 어떤가요?

힘을 받지 않는데도 끝없이 달리고 있잖아요.

그래요. 아리스토텔레스가 틀린 거예요.

그렇습니다. 오른쪽 비탈을 없애고 평면을 끝없이 이어지게 하면 쇠공은 마찰이라는 저항을 받지 않아서 무한히 나아가게 됩니다.

갈릴레이의 추론 3 : 마찰이 없는 한, 추가 힘을 주지 않아도 쇠공은 평면 운동을 한없이 계속한다.

추론의 검증

갈릴레이는 이 3가지 추론을 검증하기 위해 실험에 들어갔습니다.

갈릴레이는 앞의 사고 실험에서 머릿속으로 그렸던 것과 같은 실험 장치를 준비했습니다. 그러고는 왼쪽 비탈에 쇠공을 살짝 놓았습니다. 쇠공은 오른쪽 비탈을 힘차게 거슬러 오르며 왼쪽 비탈 높이만큼 상승했습니다. 추론 1이 옳다는 것을 확인한 것입니다.

다음은 오른쪽 비탈을 기울이면서 쇠공을 놓았습니다. 이역시 추론 2에서 예측한 그대로의 결과가 나왔습니다.

　마지막 추론은 아쉬운 점이 있었습니다. 평면을 무한히 길게 만들 수가 없었기 때문입니다. 그래서 쇠공이 무한히 나아가는 것을 확인할 수 없었습니다. 그러나 평면을 이을 수 있는 데까지의 실험에서는 추론대로의 결과가 나왔습니다.

　이와 같이 현실에서 극복하기 어려운 난관에 부딪쳤을 때, 더없이 돋보이는 것이 사고 실험입니다.

갈릴레이 실험은 그것으로 끝인가요?

아닙니다. 실험은 계속 이어졌답니다.

어떤 실험인가요?

비탈을 내려온 쇠공이 평면에서는 어떻게 움직일 것 같은가에 대한 것이었답니다.

당연히 구르다가 정지하겠지요.

맞아요.

왜 그럴까요? 갈릴레이는 평면에서 쇠공이 계속 구르지 못하고 정지하는 이유를 고민했습니다.

그야 매끄럽지 않아서….

마찰 때문 아닐까요?

갈릴레이도 마찰 때문이라고 생각했습니다. 그렇다면 마찰을 없애면 어떻게 될 것 같은가요?

글쎄요….

갈릴레이는 실험을 통해 마찰이 없으면 쇠공은 내려온 높이까지 각도와 상관없이 오르게 된다는 것을 알게 되었습니다.

그럼 마찰이 없다면 쇠공은 계속해서 굴러가겠네요?

맞습니다. 마찰이 없는 한, 힘을 더 주지 않아도 쇠공은 평면 운동을 한없이 계속합니다.

아, 그럼 물체의 운동을 계속 이어 나가려면 힘을 주어야 한다는 아리스토텔레스의 주장은 틀렸군요!

뉴턴의 운동 제1법칙

힘을 가하지 않는데도 물체가 저절로 움직일 수 있을까요?
갈릴레이와 뉴턴이 발견한 운동의 중요한 법칙을 살펴봅시다.

네 번째 수업

뉴턴의 운동 제1법칙

라그랑주가
갈릴레이의 업적을 이야기하며
네 번째 수업을 시작했다.

아인슈타인의 칭찬

아리스토텔레스는 이렇게 호언장담했지요.

물체는 힘을 받아야 계속해서 운동을 할 수가 있다.

이는 갈릴레이가 이끌어 낸 추론에 분명 어긋나는 것입니다. 갈릴레이는 물체가 힘을 받지 않아도 계속해서 운동을 할 수 있는 가능성을 여실히 보여 주었으니까요. 그래서 아리스토텔레스의 이론은 이렇게 수정되었습니다.

마찰이 없으면 추가로 힘을 주지 않아도 물체는 계속 운동을 이어
갈 수가 있다.

절대로 무너지지 않을 듯 2천여 년 동안 명백한 진리로 여
겨 온 아리스토텔레스의 이론이 무참히 허물어지는 순간이
었습니다. 아인슈타인은 갈릴레이의 이러한 업적을 놓고 입
에 침이 마르도록 극찬했습니다.
"갈릴레이는 진정으로 물리학을 연 근대 물리학의 아버지
입니다. 아니, 진정한 현대 과학의 문을 연 과학의 아버지라
고 할 수 있습니다. 갈릴레이가 과학에 기여한 공헌은 놀라

갈릴레이, 장하도다!!!
과학에 기여한 공헌이
매우 크더구!

울 정도로 지대합니다."

　아인슈타인의 이러한 칭찬은 결코 과장된 것이 아닙니다. 오늘의 과학이 있게 한 장본인이 바로 갈릴레이이고, 현대 과학의 굳건한 뿌리를 튼튼히 구축한 이도 바로 갈릴레이이기 때문입니다.

　우리가 두 번째, 세 번째 수업에서 살펴본 내용만 봐도 그렇습니다. 갈릴레이가 아리스토텔레스의 운동론에 숨은 모순을 속속들이 파헤치기 위해서 추론해 낸 결과들은 모두가 뉴턴에게 그대로 이어졌습니다. 그리고 거기에서 알차게 무르익어 탄생한 것이 뉴턴의 운동 제1법칙입니다.

　자, 그러면 갈릴레이의 그러한 업적이 어떻게 뉴턴에게서 구체적으로 현실화되었는지 알아보겠습니다.

갈릴레이의 실험은
뉴턴이 첫 번째
운동 법칙을 세우는 데
주춧돌이 되었지요!!!

등속 운동과 가속 운동

갈릴레이가 물체의 운동을 놓고 이끌어 낸 추론은 결국 다음과 같은 의미입니다.

마찰이 없는 평면에서 더 이상 힘을 주지 않는 한 물체의 속도는 일정하다.

속도가 일정하다는 건
처음 속도나, 중간 속도나,
마지막 속도가 똑같다는 건이지요.

일정하다는 것은 한결같다는 뜻입니다. 처음이나, 중간이나, 끝이나 다르지 않다는 의미이지요. 그러면 속도가 일정하다는 것은 무슨 말이겠어요? 처음 속도나, 중간 속도나, 마지막 속도나 똑같다는 것입니다. 즉, 속도가 변하지 않는다는 말입니다.

물체는 멈추어 있던가, 움직이고 있지요. 어떠한 물체든 어떠한 환경에서든 이러한 상태가 아닌 물체는 없습니다. 물체가 멈추어 있으면, 처음이나 중간이나 마지막이나 속도가 없습니다. 즉, 속도가 0(영)인 것입니다. 속도가 0인 것도 속도의 변화가 없기는 마찬가지입니다. 그래서 속도가 없는 경우도 속도가 일정한 경우에 해당합니다.

속도가 변하지 않는 운동을 등속 운동이라고 합니다. 멈추어 있는 것도 속도가 변하지 않는 운동이니, 당연히 등속 운동에 포함됩니다.

움직이고 있다고 해서 모두가 다 등속 운동이라고 말할 수는 없습니다. 처음과 중간 그리고 나중 속도가 다른 경우가 비일비재하기 때문입니다. 아니, 우리가 일상에서 겪는 거의

정지해 있는 것도
등속 운동이지요!!

대부분의 운동은 속도가 일정하지 않다고 보아도 무방합니다. 이렇게 속도가 변하는 운동을 가속 운동이라고 합니다.

관성의 법칙

앞에서 유도한 결론으로부터 멋진 법칙을 당당하게 끌어낼 수 있는데, 그것이 무엇인지 사고 실험으로 알아보겠습니다.

속도가 일정하다는 것은 등속 운동을 말하는 거예요.
등속 운동은 정지한 경우를 포함해요.
정지한 물체가 등속 운동을 계속 이어가려면, 처음 속도나 나중 속

도나 줄곧 변함이 없어야 해요.

정지한 상태에서 속도에 변함이 없다는 것은 달리 말하면 계속 정지한 채로 있고 싶어 한다는 뜻이기도 해요.

정지한 물체는 계속 정지한 상태로 있으려고 한다는 말이 여기서 나온 거예요.

법칙 1 : 정지한 물체는 계속 정지해 있으려고 한다.

사고 실험을 계속하겠습니다.

등속 운동은 움직이되 계속 똑같은 속도로 움직이는 경우를 포함해요. 움직이고 있는 물체가 똑같은 운동 상태를 계속 이어 가려면, 처음

계속! 계속!

계속 뛸 거야!

계속 달리고
싶어 하는 건도
물체의
성질입니다.

속도와 중간 속도와 나중 속도가 일정해야 해요.

움직이는 상태에서 속도에 변화가 없다는 것은 그 상태 그대로의
모습을 끝까지 유지하고 싶어 한다는 뜻이에요.

등속으로 움직이는 물체가 그 상태를 계속 유지하려고 한다는 말이
여기서 나온 거예요.

법칙 2 : 등속으로 움직이는 물체는 그 상태를 계속 유지하려고 한다.

물체가 현재 상태를 계속 유지하고 싶어 하는 성질을 관성
이라고 합니다. 관성은 갈릴레이가 생각해 낸 이름이지요.

관성 : 물체가 현재의 상태를 계속 유지하고 싶어 하는 성질

뉴턴은 관성으로부터 자연스럽게 유도된 법칙 하나와 법칙 둘을 합쳐 하나의 멋들어진 법칙을 만들어 냈는데, 뉴턴의 운동 제1법칙인 관성의 법칙이 그것입니다.

이렇게 뉴턴의 운동 제1법칙이 완성되었답니다.

관성의 법칙의 예

관성의 법칙을 설명할 때 우리가 흔히 드는 예가 달리고 있거나 정지해 있는 버스 속 승객입니다.

사고 실험을 하겠습니다.

버스가 갑자기 출발하면 버스에 탄 승객은 어떻게 되죠?

뒤로 쏠리는 힘을 받아요.

왜 그럴까요?

관성의 법칙에 따르면 정지한 물체는 계속 정지하고 싶어 해요.

버스가 출발하기 전까지 승객은 정지해 있었어요.

정지하고 싶은 관성에 익숙해 있는 거예요.

그런데 버스가 갑자기 출발하면 어떻게 되겠어요?

맞아요. 정지 상태를 고수하려다 보니 자연스레 뒤로 넘어지는 거예요.

다음은 신나게 달리던 버스가 갑자기 멈추는 상황을 생각해 보겠습니다.

사고 실험을 이어 가겠습니다.

달리던 버스가 갑자기 멈추면 버스에 탄 승객은 어떻게 되죠?

앞으로 쏠리는 힘을 받아요.

왜 그럴까요?

관성의 법칙에 따르면 움직이는 물체는 계속 움직이고 싶어 해요.

버스가 멈추기 전까지 승객은 움직이고 있었어요.

움직이고 싶은 관성에 익숙해 있는 거예요.

그런데 버스가 갑자기 멈추면 어떻게 되겠어요?

움직이는 상태를 고수하려다 보니 자연스레 앞으로 고꾸라지는 수

밖에요.

관성 때문에
이렇게 앞으로
넘어지는 겁니다.

이 외에도 관성의 법칙을 적용할 수 있는 예는 우리 주변에 적잖이 있습니다. 여러분이 그것을 찾아 마음껏 상상의 나래를 펼치며 사고 실험으로 멋지게 설명해 보세요.

얼굴에 웬 반창고야?

버스가 급정거를 하는 바람에 넘어져서 의자 손잡이에 얼굴을 부딪쳤어.

선생님, 왜 차가 급정거를 하면 몸이 앞으로 나가는 건가요?

그건 바로 관성 때문이지요.

관성이 뭐데요?

관성은 갈릴레이가 처음으로 생각한 이름으로, 물체가 현재의 상태를 계속 유지하고 싶어 하는 성질이지요.

물체가 현재 상태를 유지하고 싶어 하는 성질을 관성이라고 하자.

아~, 그래서 차가 출발할 때는 뒤로 쏠리는군요.

맞아요. 차가 움직이기 전까지는 승객은 정지하고 싶은 관성에 익숙해 있는 거예요.

정지하고 싶은 관성

반대로, 달리고 있는 버스 안에서는 움직이고 싶은 관성에 익숙해 있는데, 멈춘다면 자연히 앞으로 쏠리겠지요.

움직이고 싶은 관성

아~, 수진이가 학원 갈 시간인데 계속 여기 있는 것도 관성의 법칙이군요.

앗, 들켰다!

5

관성에서 질량으로

질량과 무게는 어떻게 다를까요?
관성과 떼려야 뗄 수 없는 질량에 대해 알아봅시다.

5

다섯 번째 수업

관성에서 질량으로

라그랑주가 칠판에
관성의 한자어를 적으며
다섯 번째 수업을 시작했다.

관성의 의미

앞 수업에서 살펴본 관성의 의미를 다시 한 번 조목조목 따져 봅시다.

관성은 한자로 '慣性'이라고 씁니다. 여기서 '慣'은 익숙하다는 의미입니다. 그러니까 글자 그대로 따지자면 관성은 '특성에 익숙해진다' 라는 뜻이 되는 셈이지요. 이것을 물리학적으로 해석하면 우리가 앞 수업에서 배운 대로 '한번 익숙해진 성질을 그대로 유지하려고 한다'라고 풀 수 있습니다.

이처럼 물체는 한번 익숙해진 운동 상태를 좀체 벗어나고 싶어 하지 않는 성질을 지니고 있습니다. 이것은 원래의 상태를 고집스레 유지하려 하는 성질입니다. 새로운 운동에 순응하려 하지 않고 저항하려는 성질인 것입니다.

그렇습니다. 운동 상태의 변화에 저항하려는 정도, 이것이 바로 관성의 또 다른 해석인 것입니다.

관성의 또 다른 해석 : 물체가 운동 상태의 변화에 저항하는 정도

관성을, 버스가 급작스레 출발하고 정지할 때의 현상을 예로 들어 설명해 보면 이렇습니다.

관성에서 질량으로?

버스가 갑자기 출발할 때 뒤로 쏠리거나, 달리던 버스가 급정거할 때 앞으로 넘어지려는 것은 새로운 운동에 저항하려는 성질 때문입니다.

관성의 이 새로운 해석에서 질량이라는 개념이 자연스레 나오는데, 지금부터 자세히 알아보도록 하겠습니다.

질량 개념의 탄생

'무겁다', '가볍다'라는 단어를 사용해야 할 때 우리는 종종 질량이란 용어를 사용하고는 합니다.

사고 실험을 하겠습니다.

무거울수록 저항하는
정도가 강하지요.

관성은 물체의 운동 상태의 변화에 저항하는 힘이에요.

저항하는 힘은 물체의 양에 관계해요.

물체의 양이 많으면 저항하는 정도가 강해요.

무거우면 움직이게 하기가 어렵잖아요.

무거우면 저항하는 힘이 강해지는 거예요.

반대로 물체의 양이 적으면 저항하는 정도가 약해져요.

가벼우면 움직이게 하기가 쉬우니까요.

가벼우면 저항하는 힘이 약해지는 거예요.

여기서 물체의 양을 정의할 필요가 생겼지요. 그래서 질량
이라는 단어가 자연스레 필요하게 되었습니다.

사고 실험을 이어 가겠습니다.

질량이 무거우면 저항하는 정도가 세요.

질량이 가벼우면 저항하는 정도가 약해요.

저항하는 정도는 관성이에요.

그러니 질량과 관성은 비례 관계가 성립할 거예요.

질량이 무거우면 관성이 강해져요.

질량이 가벼우면 관성이 약해져요.

그렇습니다. 질량과 관성은 서로 비례하는 사이입니다. 바늘이 없는 실, 실이 없는 바늘을 생각할 수 없듯이 질량을 생각하지 않는 관성, 관성을 생각하지 않는 질량은 의미가 없습니다. 질량이 바로 관성의 세기를 가늠하는 척도인 것입니다.

질량과 무게

무겁고 가벼움을 나타낼 때 질량이라는 말을 사용하지만 그와 더불어서 무게라는 말도 씁니다. 어떻게 보면 질량보다는 무게라는 말이 우리 일상에서 더 친숙한 용어가 아닌가 싶습니다.

그렇다면 질량과 무게는 같은 것일까요?

달에 도착한 우주인이 달 표면을 걷는 모습을 보면 굉장히 사뿐사뿐하지요. 어떻게 그 무거운 우주복을 입고도 그렇게 걸을 수 있는지 의아할 정도입니다. 여기에는 중력이라는 비밀이 숨어 있습니다.

　참고로 우주복은 상당히 무겁습니다. 우주 공간의 엄청난 압력을 이겨 내고 급격한 온도 차를 극복하기 위해 수십 겹으로 만든 데다가 압력 조절 장치, 산소 공급 장치 등의 각종 기기를 달아서 자그마치 100여 kg 정도가 되지요.

　중력은 잡아당기는 힘입니다. 그러한 중력이 꼭 지구에만 있는 것은 아닙니다. 달에도, 토성에도, 북극성에도 다 있습니다. 질량이 있는 천체는 예외 없이 중력을 가지고 있는 셈입니다.

　사고 실험을 하겠습니다.

중력이 약하면 어떻게 되겠어요?

잡아당기는 힘이 약한 셈이니 쉽게 뛰어오를 수 있을 거예요.

그렇다면 달에 도착한 우주인이 그렇게 쉽게 껑충껑충 뛰어오를 수 있다는 것은 무엇을 의미하는 것일까요?

그래요, 중력이 약하다는 말이에요.

달의 중력이 지구의 중력보다 약한 거예요.

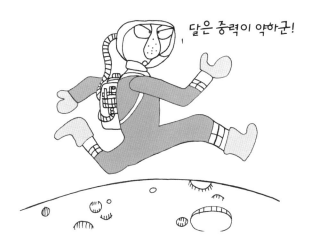

달은 중력이 약하군!

    달의 중력은 지구 중력의 $\frac{1}{6}$ 정도랍니다. 달이 물체를 잡아당기는 힘이 지구보다 6배 정도 약하다는 뜻입니다. 잡아당기는 힘이 이렇게 약하다 보니 달에서는 무거운 복장을 하고도 날아오르듯이 걸을 수가 있는 것입니다. 지구에서는 우주복을 입은 상태로는 걷기도 힘들 것입니다.

    중력이 잡아당기는 힘을 무게라고 합니다.

    무게의 정의가 이와 같으니 지구와 달에서 잰 무게가 같을 수가 없겠죠.

    하지만 질량은 지구나 달은 물론이고, 우주 어느 곳에서 재어도 항상 똑같습니다. 내가 달에 갔다고 해서 다른 사람으로 바뀌는 것이 아니듯이 질량 역시 변하지 않습니다. 왜냐하면

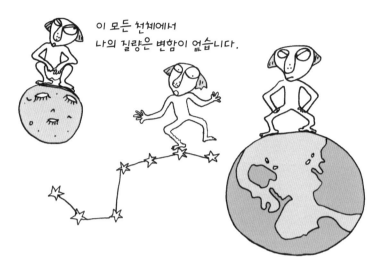

질량은 물체의 본질적인 특성이기 때문입니다. 그렇습니다. 질량은 외부 환경과는 무관한 물체의 변하지 않는 고유한 양이랍니다. 지구에서 30kg이면, 달에서도 30kg이고, 태양에서도 30kg이며, 북두칠성에서도 30kg입니다.

질량은 변하지 않는 물체의 고유한 양이다.
무게는 장소에 따라서 변하는 양이다.

질량과 무게가 이처럼 차이가 있으니 이들을 표현하는 단위도 당연히 달라야 합니다. 'kg'과 'g'은 질량의 단위입니다. 무게의 단위는 여기에다 '중'이라는 양을 붙여 준답니다.

중력의 잡아당기는 힘이 무게라는 뜻에서 이렇게 붙인 것입니다.

과학자의 비밀노트

질량과 무게의 단위

중력이 물체를 끌어당기는 힘의 크기를 무게라고 하므로 무게는 질량에 중력 가속도를 곱해서 구해야 한다. 따라서 질량과 무게의 단위는 엄연히 다르다. 무게의 단위로 'kg중'이나 'g중'을 쓰기도 하고, 무게도 일종의 힘의 크기를 나타내므로 'N'과 같은 힘의 단위를 쓰기도 한다. 그런데 몸무게를 재는 체중계를 보면 kg과 g단위로 표시되어 있듯이 보통 일상에서는 질량과 무게의 개념을 크게 구분짓지 않는다.

만화로 본문 읽기

뉴턴의 운동 제2법칙

움직이고 있는 물체의 운동을 예측할 수 있을까요?
가속도와 질량으로 움직이는 물체의 힘을 구해 봅시다.

6

여섯 번째 수업

뉴턴의 운동 제2법칙

| 교.
과.
연.
계. | 중등 과학 2
고등 과학 1
고등 물리 Ⅰ | 1. 여러 가지 운동
2. 에너지
1. 힘과 에너지 |

라그랑주가
뉴턴의 업적을 소개하며
여섯 번째 수업을 시작했다.

등속을 넘어 가속으로

갈릴레이는 관성의 개념을 처음으로 간파한 물리학자입니다. 그러나 갈릴레이는 관성에 담긴 깊은 의미를 완벽하게 파악하고 그것을 폭넓게 확장시키지는 못했습니다. 그 일은 갈릴레이가 죽은 해에 태어난 뉴턴이라는 또 한 명의 위대한 물리학자가 해내었지요. 그 첫 삽이 바로 뉴턴의 운동 제1법칙이었습니다.

뉴턴의 운동 제1법칙, 즉 관성의 법칙은 속도의 변화가 없

는 상황을 다루는 물리 법칙입니다. 그러나 세상은 속도가 일정한 상황만 있는 게 아닙니다. 속도가 변하는 경우가 더 흔합니다. 그러니 진정한 운동 법칙이라면 속도가 변하는 상황까지도 아우를 수 있어야 합니다.

　뉴턴은 등속을 넘어서 가속 상태까지 설명해 내려고 끊임없이 연구하였고, 마침내 두 번째 운동 법칙을 제안하였습니다.

〉 뉴턴의 운동 제2법칙으로 가는 두 관문 〈

　뉴턴은 힘과 속도 사이의 관계를 고찰하는 것에서 두 번째 운동 법칙을 구체화했습니다.

사고 실험을 하겠습니다.

물체의 속도는 힘에 의해서 변해요.

힘을 가하면 물체의 속도가 달라지는 거예요.

운동 방향으로 힘을 가하면 물체의 속도는 빨라지고,

운동 반대 방향으로 힘을 가하면 물체의 속도는 느려지잖아요.

물체의 속도가 변하는 것을 가속이라고 해요.

힘은 속도의 변화와 관계가 있고, 속도의 변화는 가속으로 이어지

니까, 힘과 가속은 깊은 관련이 있을 거예요.

한쪽이 커질 때 상대도 따라 커지는 것은 비례하는 거예요.

힘과 가속이 꼭 그런 경우예요.

그래요, 힘과 가속도는 비례 관계에 있는 거예요.

힘 → 속도 변화 → 가속

힘과 가속은
깊은 관계가 있군….

박규사

속도

시간에 따른 위치의 변화량을 나타낸다. 속도는 빠르기만을 나타내는 속력에다가 운동 방향까지 나타내는 물리량이다. (단위 : m/s, km/h 등)

가속도

시간에 따른 속도의 변화량을 나타낸다. 속도가 증가하거나 감소하는 경우에 가속도가 발생한다. (단위 : m/s² 등)

힘과 물체의 가속도가 비례한다는 것, 이것이 뉴턴의 운동 제2법칙으로 가는 첫 번째 관문이랍니다.

사고 실험을 이어 가겠습니다.

가벼운 공과 무거운 공이 있어요.

같은 힘을 가할 때 어느 공의 속도가 더 금방 빨라지나요?

맞아요, 가벼운 공이에요.

속도가 빨라지는 것은 가속이 생긴다는 뜻이에요.

가벼운 공이 무거운 공보다 더 쉽게 가속된다는 의미이지요.

가벼울수록 가속이 잘되고, 무거울수록 가속이 잘 안 된다는 거예요.

가볍고 무거움은 질량으로 나타내지요.

즉, 질량이 작을수록 가속이 커지고, 질량이 클수록 가속이 작아져요.

이렇게 한쪽은 커지는데 상대는 반대로 자꾸만 작아지는 것을 반비례한다고 하지요.

질량이 작을수록 가속이 커지고, 질량이 클수록 가속이 작아지는 것은 한쪽은 커지는데 다른 쪽은 작아지는 관계예요.

그래요, 반비례 관계인 거예요.

질량과 가속도는 반비례하는 사이인 거예요.

질량과 가속도가 반비례한다는 것, 이것이 뉴턴의 운동 제2법칙으로 가는 두 번째 관문이랍니다.

뉴턴의 운동 제2법칙의 완성

뉴턴의 운동 제2법칙으로 가는 첫 번째, 두 번째 관문은 다음과 같습니다.

가속도와 힘은 비례한다.
가속도와 질량은 반비례한다.

이 두 관문을 하나로 합쳐 보겠습니다.

가속도는 힘과는 비례하고, 질량과는 반비례한다.

비례와 반비례의 관계를 분수로 나타내면 비례는 분자에, 반비례는 분모에 쓰잖아요. 그러니 앞의 표현을 식으로 바꾸면 이렇게 나타낼 수 있습니다.

$$가속도 = \frac{힘}{질량}$$

이 식을 힘에 관하여 다음과 같이 나타낼 수 있습니다.

힘 = 가속도 × 질량

바로 이것입니다. 힘은 가속도와 질량을 곱한 값과 같다는 것, 이것이 바로 뉴턴의 운동 제2법칙입니다.

이것은 물체의 운동을 예측하는 데 더없이 귀중한 운동 방정식입니다. 이것을 이용하면 우리가 일상에서 보는 거의 모든 운동 현상을 깔끔하게 설명할 수 있습니다. 달에 우주선을 보내는 계산도 이 운동 방정식의 도움을 받으면 어렵지 않게 해낼 수 있습니다.

우주선의 궤도쯤이야
뉴턴의 운동 법칙이면 OK입니다~.

물리학에서 말하는 힘

우리가 일상에서 흔히 말하는 힘은, 밀고 당길 때 근육이 이완하고 수축하는 운동 과정에서 필요한 파워입니다. 그러나 물리학에서 정의하는 힘은 이와는 좀 다릅니다. 물리학에서의 힘은 뉴턴의 운동 방정식과 결부시켜 정의합니다.

힘은 표준 물체가 얻은 가속도이다.

여기서의 표준 물체란 '킬로그램원기'라고 하는 것입니다. 킬로그램원기는 프랑스 파리 근교의 국제도량형국에 보관돼 있는 백금으로 만든 원통인데, 질량이 정확히 1kg입니다. 그러니까 1kg의 킬로그램원기가 얻은 가속도를 1N(뉴턴)의 힘으로 정의하는 것입니다.

과학자의 비밀노트

N(뉴턴)
힘의 단위로, 이것은 운동 법칙을 발견하는 데 큰 기여를 한 물리학자 뉴턴의 업적을 높이 인정하여 그의 이름에서 따 붙인 것이다.
　　1N은 질량이 1kg인 물체의 가속도가 $1m/s^2$이 될 때 작용한 힘의 크기를 나타낸다.

달 탐사선이 오늘 발사되었습니다.

선생님, 저 우주선을 달로 쏘아 보내려면 엄청 복잡한 공식이 필요하겠어요.

생각처럼 그렇게 복잡하지 않아요. 뉴턴의 제2운동 법칙이면 된답니다.

뉴턴의 제2운동 법칙이요?

그럼 뉴턴의 제1운동 법칙도 있겠네요.

네. 뉴턴의 제1운동 법칙은 지난번에 말한 관성의 법칙이지요. 그런데 관성의 법칙은 속도 변화가 없는 상황을 다루는 물리 법칙이랍니다.

그럼 뉴턴의 제2운동 법칙은 속도 변화가 있는 상황을 다루는 거겠네요?

맞습니다. 물체의 속도는 힘에 의해 변하고 속도가 변하는 것을 가속이라고 하므로, 뉴턴은 힘과 물체의 가속도가 비례한다는 것을 알게 되었죠.

힘 → 속도 변화 → 가속

다음으로 질량과 가속도가 반비례한다는 것을 알게 되었습니다. 이 두 가지를 합친 것이 뉴턴의 제2법칙입니다. 즉, 가속도는 힘과는 비례하고 질량과 반비례한다는 것을 알게 되었죠.

가속도 = 힘 ÷ 질량

힘 = 가속도 × 질량

이것을 이용하면 일상의 모든 운동 현상을 설명할 수 있습니다. 물론 달에 우주선을 보내는 계산도 가능합니다.

아~, 그렇군요.

7

벡터와 스칼라
그리고 **힘**의 **3요소**

물체의 빠르기인 속력 외에 방향까지 나타내는 방법이 없을까요?
힘의 크기와 방향, 벡터와 스칼라에 대해 알아봅시다.

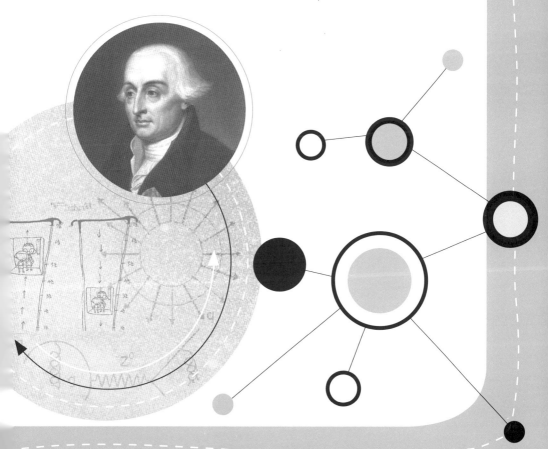

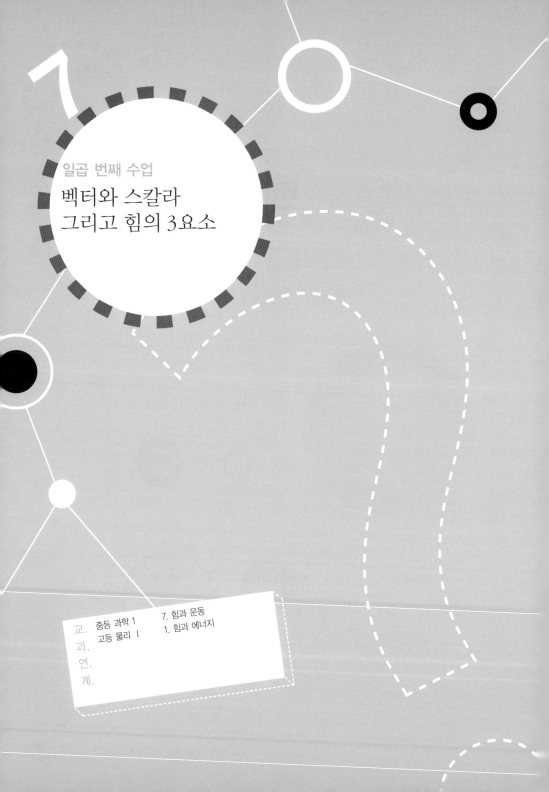

7

라그랑주가
학생들을 흐뭇하게 보면서
일곱 번째 수업을 시작했다.

속도와 속력의 차이

우리는 앞에서 속도라는 용어를 빈번하게 사용했습니다. 그런데 속도라는 말 대신 속력이라는 단어도 종종 씁니다. 아니 우리의 머릿속엔 속도보다는 속력이 더 익숙한 게 사실입니다. 그렇다면 속도와 속력은 혼용해서 써도 되는 같은 말일까요?

속도와 속력은 모두 빠르기를 나타내는 양입니다. 그래서 크기만을 놓고 본다면 어느 것을 사용해도 별 문제가 없습니다. 그러나 문제는 방향입니다.

예를 들어 종설이와 현지가 같은 속력으로 달리고 있는데, 방향이 다르면 도착 지점은 다릅니다. 종설은 시속 80km로 영동 고속도로를 달리고, 현지는 동일 속력으로 중부 고속도로를 달렸다면, 같은 시간 동안 달렸다 해도 종착점은 천지 차이가 납니다. 이래서는 속력만으로 운동 상태의 명확한 기술이 어렵습니다. 그래서 물체의 운동을 엄밀하게 기술하기 위해 크기와 방향을 함께 갖는 속도를 사용합니다.

속력 : 빠르기만을 나타내는 양

속도 : 빠르기와 방향을 함께 나타내는 양

속도는 방향까지 생각하는 것이랍니다.

벡터와 스칼라

　속력은 크기만을 갖고 있고, 속도는 크기와 방향을 다 갖고 있습니다. 이처럼 크기만을 갖는 물리량을 스칼라, 크기와 방향을 모두 갖고 있는 물리량을 벡터라고 합니다. 그러니까 속력은 스칼라, 속도는 벡터이지요.

　속력과 속도만이 스칼라와 벡터에 해당할까요? 물론, 그렇지는 않습니다.

　질량과 무게를 놓고 사고 실험을 해 보겠습니다.

　질량은 무겁고 가벼움을 나타내는 양이에요.

크기만 있는 건 스칼라,
방향까지 있는 건 벡터입니다.

무겁고 가벼움은 크기일 뿐이에요.

방향이 없는 거예요.

크기만 있고, 방향이 없으면 뭐지요?

그래요, 스칼라예요.

즉, 질량은 스칼라에 해당하는 물리량이에요.

무게도 질량처럼 무겁고 가벼움을 나타내는 양이에요.

그러나 무게는 질량과는 다른 성질 하나를 더 갖고 있어요.

무게가 뭐죠?

중력이 잡아당기는 힘이에요.

중력이 오른쪽에서 잡아당기면 그쪽으로 끌려가고, 왼쪽에서 잡아
당기면 그쪽으로 끌려가고, 밑에서 잡아당기면 그쪽으로 끌려가야
하잖아요.

몸무게는
벡터입니다.

그리고 그때 생기는 게 무게잖아요.

이건 방향이 있다는 뜻이에요.

그래요. 무게는 방향이라는 성질 하나를 더 갖고 있는 거예요.

즉, 무게는 벡터에 해당하는 물리량이에요.

이 외에도 스칼라에 해당하는 물리량에는 온도와 에너지, 벡터에 해당하는 물리량에는 가속도와 힘 등이 있답니다. 물론, 이들 말고도 스칼라와 벡터에 해당하는 물리량은 무수히 많지요. 그것들은 여러분의 빛나는 창의적인 생각으로 한번 찾아보세요.

벡터의 표시

벡터는 크기와 방향을 표시하는 데 화살표를 이용합니다.

벡터는 화날표를 이용하면
쉽게 표현할 수가 있어요.

벡터의 크기

벡터의 방향

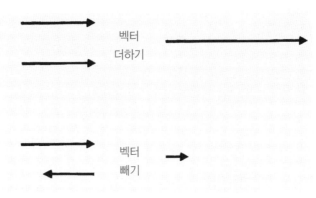

벡터
더하기

벡터
빼기

방향이 같으면 더해 주고
방향이 다르면 빼 주면 됩니다.

화살표의 길이는 벡터의 크기, 화살촉이 가리키는 쪽은 벡터
의 방향을 뜻하는 것으로 약속하면, 벡터의 크기와 방향은 간
단히 표시할 수 있습니다.

벡터는 더하고 뺄 수가 있습니다. 벡터가 같은 방향을 가리키
면 더하고, 서로 반대 방향을 가리키면 빼 주면 됩니다.

그리고 벡터가 평행하지 않으면 두 벡터를 양변으로 하는
평행사변형을 그려 주면 됩니다. 이때 평행사변형의 대각선
이 벡터의 합이 되지요.

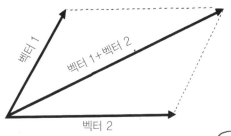

평행하지 않은 벡터의 합은
평행사변형의 대각선이 되지요.

왜 3요소일까?

힘에는 3요소가 있습니다.

힘의 3요소 : 힘의 크기, 힘의 방향, 힘의 작용점

여기서 이런 의문을 가질 수 있습니다. 힘은 왜 꼭 3요소를 가지는 것일까요? 2요소나 4요소, 5요소를 가지면 안 되는 이유는 무엇일까요?

힘이 4요소나 5요소를 갖는다고 해서 솔직히 문제 될 것은 없습니다. 그것은 정하기 나름이니까요.

예를 들어, 힘의 크기를 가로와 세로로 나누면 힘은 4요소가 되고, 힘의 방향까지 가로와 세로로 나누면 5요소가 됩니다. 이렇게 말입니다.

　힘의 4요소 : 힘의 가로 크기, 힘의 세로 크기, 힘의 방향, 힘의 작
　　　　　　　용점
　힘의 5요소 : 힘의 가로 크기, 힘의 세로 크기, 힘의 가로 방향, 힘
　　　　　　　의 세로 방향, 힘의 작용점

　그러나 굳이 이렇게까지 늘여서 힘의 요소를 정할 필요가 있을까요? 맞습니다. 그럴 필요는 없습니다. 간단히 나타낼 수 있는데 굳이 애써 수를 늘리며 복잡하게 할 필요는 없으니까요. 그렇다면 이런 생각도 가능합니다.
　'힘의 요소를 더 줄이면 좋겠군.'
　그래요. 힘을 2요소나 1요소로 줄일 수 있다면 참 좋겠지요. 하지만 문제는 그렇게 하고 싶어도 할 수 없다는 점입니다. 힘을 2요소나 1요소로 나누지 못하고 굳이 3요소라 못 박은 데에는 다 그만한 이유가 있습니다.

2요소와 1요소로는 불충분한 이유

'종설이가 공을 찼다' 라는 말을 생각해 봅시다. 문학에서 라면 이러한 표현은 그다지 문제가 될 게 없습니다. 화려한 수식어를 사용해서 좀 더 세련되고 아름다운 문장으로 꾸미지 않았다는 것이 아쉽다면 아쉬울 뿐이지요.

그러나 물리학적으로 이 표현은 받아들이기 어렵습니다. 물리학은 엄밀함이 그 무엇보다 강조되는 학문입니다. 그래서 물을 마셨다, 길을 걸었다, 공기가 희박하다는 애매모호한 표현은 절대로 용납하지 않습니다. 물을 얼마나 마셨다는 것인지, 길을 얼마나 걸었다는 것인지, 공기가 얼마나 희박하다는 것인지 구체적인 답을 해야 합니다.

'종설이가 공을 찼다' 라는 표현도 마찬가집니다. 이 표현에 담긴 애매모호함을 걷어 내야 합니다. 그래서 이런 질문을

어디로 찼는데,
얼마나 세게 찼는데,
어느 부위를 찼는데??

종널이가
공을 찼어요!!!

던질 수 있습니다.

"얼마나 세게 찼는데?"

이 물음은 힘의 세기를 묻고 있습니다. '힘의 크기'가 힘을 표현하는 요소가 되어야 하는 이유입니다. 다음은 이런 질문이 가능하겠지요.

"어느 쪽으로 찼는데?"

이 물음은 왼쪽으로 찼는지, 오른쪽으로 찼는지 구체적인 방향을 묻고 있습니다. '힘의 방향'이 힘을 표현하는 또 하나의 요소가 되는 이유입니다.

그리고 마지막으로 이런 질문이 가능합니다.

"공의 어디를 찼는데?"

공의 가운데를 찼는지, 위쪽을 찼는지, 오른쪽 끝을 찼는지를 묻는 질문입니다. 공의 어느 부분을 찼는지에 따라 공이 날아가는 궤적은 현저하게 달라집니다. 이것은 힘을 가하는 위치를 빼놓고는 힘을 완전하게 표시할 수 없다는 뜻이기도 합니다. '힘의 작용점'이 힘을 표현하는 또 하나의 요소가 되어야 하는 이유입니다.

2요소나 1요소만으로는 충분치 않고, 힘의 크기와 힘의 방향과 힘의 작용점을 함께 고려해야 힘을 제대로 표시할 수 있습니다.

만화로 본문 읽기

오토바이 속도가 정말 빠르다.

아냐, 속력이 빠른 거야.

속도랑 속력은 같은 거잖아.

선생님, 속도나 속력을 저렇게 혼용해서 써도 되나요?

모두 빠르기를 나타내는 양이라서 크기만을 따지면 어느 것을 사용해도 별 문제가 없지만, 문제는 방향이지요.

속도? 속력?

예를 들어, A와 B가 같은 속력으로 달려도 방향이 다르면 도착 지점이 달라요. 즉, A와 B의 속도는 다르다고 할 수 있지요.

그렇군요.

속력처럼 크기만을 갖는 물리량을 스칼라, 속도처럼 크기와 방향을 모두 나타내는 물리량을 벡터라고 하지요.

난 크기만 중요해!

난 크기와 방향 모두 중요해.

스칼라와 벡터에는 또 어떤 물리량들이 있나요?

질량도 스칼라예요. 질량은 무겁고 가벼움을 나타내는 크기일 뿐이고 방향이 없지요.

그렇군요. 그럼 무게도 스칼라이겠네요?

아니에요. 무게는 중력이 잡아당기는 힘이라서 중력을 받는 쪽의 방향이 있지요. 그래서 무게는 벡터랍니다.

아~, 알겠어요.

질량

몸무게는 벡터!

관성력과 몸무게

줄이 끊겨 떨어지는 승강기 속에서 몸무게는 어떻게 변할까요?
중력과 관성력과의 관계를 승강기 사건을 통해 알아봅시다.

관성력과 몸무게

라그랑주가
뉴턴의 운동 법칙에 대한 이야기로
여덟 번째 수업을 시작했다.

관성과 관성력

　뉴턴의 운동 제1법칙은 관성, 운동 제2법칙은 힘을 탐구한 이론이지요. 그러면 이 둘을 함께 고려하면 무엇이 만들어질까요?

　그래요, 관성으로 인해 생기는 관성의 힘이 탄생합니다. 관성의 힘을 일반적으로 관성력이라고 합니다.

　이번 수업에서는 관성력과 관성력으로 인해 달라지는 신기한 현상에 대해 알아봅시다.

사고 실험을 하겠습니다.

관성은 운동 상태의 변화에 저항하는 성질이에요.

그러면서 생기는 힘이 관성력이에요.

관성은 운동 상태의 변화에 저항하는 것이니 방향은 운동 방향과 반대쪽으로 나타납니다.

관성력도 마찬가지예요.

관성력은 관성 때문에 생기는 힘이니 관성과 방향이 같아야 하는 거예요.

관성력이 운동 방향과는 반대쪽으로 생기는 이유예요.

우리가 관성력을 쉽게 경험할 수 있는 곳은 어디일까요?

그래요, 우리가 앞에서 예로 들었던 버스입니다. 버스가 급정거하고 급출발할 때, 관성이 생겨서 앞뒤로 쏠리는 힘을 받잖아요. 이것이 바로 관성력입니다.

버스가 급정거할 때 : 관성력은 앞으로 생긴다.

버스가 급출발할 때 : 관성력은 뒤로 생긴다.

관성력

운동 방향

관성력은
운동 방향과 반대쪽으로 생기지요.

무거워진 현지의 체중

관성과 관성력은 앞뒤로만 생기는 것일까요?

그렇지 않습니다. 관성과 관성력은 위아래로도 생깁니다. 그것을 경험할 수 있는 곳이 어디냐 하면 엘리베이터입니다. 엘리베이터 속에서 벌어지는 관성과 관성력, 그리고 그로 인해서 빚어지는 신비로운 현상을 탐구해 볼까요?

사고 실험을 하겠습니다.

엘리베이터가 상승할 준비를 하고 있어요.

현지가 엘리베이터에 타요.

그러고는 중앙에 놓여 있는 체중계 위에 올라서요.

엘리베이터의 문이 스르르 닫혀요.

현지가 체중계의 눈금을 보아요.

45kg이 현지의 정상 체중이에요.

엘리베이터가 상승을 시작해요.

순간 현지는 위에서 아래로 내리누르는 듯한 힘을 느껴요.

엘리베이터가 점점 빨라져요.

현지가 체중계를 다시 보아요.

아니, 그런데!

체중계의 바늘이 45kg을 넘어선 거예요.

현지의 정상 체중은 45kg입니다. 체중계에는 아무런 이상
이 없는데 어떻게 해서 이런 일이 생긴 걸까요?

그 답을 사고 실험으로 알아보겠습니다.

엘리베이터는 상승 중이에요.

그러니 관성은 그 반대로 생겨요.

관성력도 마찬가지예요.

몸무게는 중력이 끌어당기는 힘이에요.

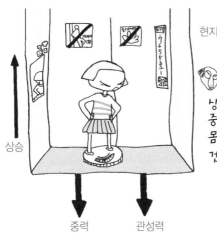

현지의 몸무게 〉 45kg

상승시에는
중력＋관성력이기 때문에
몸무게가 늘어나는
것이랍니다.

상승

중력   관성력

중력은 아래로 작용해요.

관성력이 아래로 생겼으니 중력과 방향이 같은 거예요.

아래로 잡아당기는 힘이 중력 이외에 하나 더 생긴 셈이지요.

관성력과 중력이 같은 방향으로 작용하니 몸무게는 어떻게 되겠어요?

그래요, 관성력만큼 늘어나는 효과가 나타난 거예요.

현지의 몸무게가 느는 이유예요.

그렇습니다. 엘리베이터가 상승하면서 점차 빨라질 때, 그 안에 탑승한 승객의 몸무게는 관성력의 작용으로 늘어나게 됩니다.

가벼워진 현지의 체중

이번에는 내려가는 상황을 생각해 보겠습니다. 자, 어떤 결과가 나올지 사고 실험으로 살펴보겠습니다.

현지가 탄 엘리베이터가 하강을 시작해요.
순간 현지는 붕 뜨는 듯한 힘을 느껴요.
엘리베이터가 점점 빨라져요.
현지가 체중계를 보아요.
아니, 이럴 수가!
체중계의 바늘이 45kg 밑으로 떨어져 있어요.

엘리베이터가 상승하며 그 속도가 빨라질 때 현지의 몸무게가 무거워졌으니, 엘리베이터가 하강하면서 점차 빨라질 때 현지의 몸무게가 가벼워질 것이라는 사실은 어느 정도 예상할 수 있는 결과입니다. 그러나 그러한 결과를 예측하는 것보다 더욱 중요한 것은 어떻게 해서 그런 결과가 나오게 되었는지를 밝히는 것입니다. 이 또한 관성력이 해답의 열쇠를 쥐고 있는데, 사고 실험으로 알아보겠습니다.

엘리베이터가 하강 중이에요.

관성이나 관성력은 위로 생겨요.

관성과 관성력은 운동 방향의 반대쪽으로 생기니까요.

반면, 지구 중력은 아래로 작용해요.

관성력이 위로 생겼으니, 중력과는 방향이 반대인 거예요.

위로 끄는 힘이 생긴 셈이에요.

위로 끄는 힘은 중력에게는 좋을 리가 없어요.

관성력과 중력이 엇갈린 방향으로 작용하니, 몸무게가 어떻게 되겠어요?

그래요. 중력에서 관성력을 뺀 만큼 몸무게는 감소할 거예요.

현지의 몸무게가 줄어드는 이유예요.

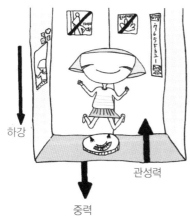

현지의 몸무게 〈 45kg

하강
관성력
중력

하강시에는
중력-관성력이 되기 때문에
몸무게가 줄어들지요.

그렇습니다. 엘리베이터가 하강하면서 점차 빨라질 때, 그 안에 탑승한 승객의 몸무게는 관성력만큼 줄어들게 됩니다.

변화가 없는 현지의 몸무게

엘리베이터의 운동이 상승과 하강을 시작할 때처럼 그 속도가 빨라지는 경우만 있는 게 아닙니다. 속도 변화가 없는 등속 운동도 있습니다.

이 경우 몸무게에는 어떤 변화가 생기는지 사고 실험을 통해서 알아보겠습니다.

현지가 탄 엘리베이터가 등속으로 상승하고 있어요.

현지가 체중계를 보아요.

체중계의 바늘이 45kg을 나타내고 있어요.

이번에는 현지가 탄 엘리베이터가 등속으로 하강하고 있어요.

현지가 체중계를 보아요.

체중계의 바늘은 마찬가지로 45kg을 나타내고 있어요.

왜 이런 결과가 나왔을까요? 사고 실험으로 알아보겠습니다.

등속은 속도 변화가 없는 거예요.

속도 변화가 없다는 것은 가속하지 않는다는 얘기예요.

뉴턴의 운동 제 2법칙은 힘과 가속도 사이의 관계를 말해 주어요.

가속도가 있어야 힘이 생긴다는 뜻이에요.

속도 변화가 있어야 힘이 있다는 거지요.

이것은 속도 변화가 없으면 힘이 없다는 얘기와도 같아요.

등속으로 움직이는 엘리베이터에는 새로운 힘이 생기지 않는다는 거예요.

등속으로 움직이는 엘리베이터에 관성력이 생기지 않는 이유이기도 해요.

관성력이 생기지 않으니 중력에 영향을 줄 힘은 없는 거예요.

중력은 몸무게와 관련이 있는데, 중력이 영향을 받지 않으니 몸무

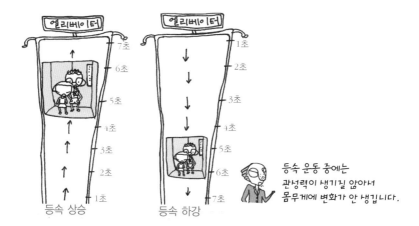

등속 상승 등속 하강

등속 운동 중에는 관성력이 생기질 않아서 몸무게에 변화가 안 생깁니다.

게에도 변화가 있을 리가 없어요.

엘리베이터가 상승하건 하강하건 달라지는 것은 없어요.

현지의 몸무게가 그대로인 이유예요.

그렇습니다. 엘리베이터가 상승하건 하강하건 등속으로 움직이는 경우, 그 안에 탑승한 승객의 몸무게는 관성력이 생기지 않아 그대로입니다.

사라진 현지의 몸무게

엘리베이터를 탔을 때, 이런 흥미진진한 현상이 나타난다는 것이 매우 놀랍지요? 그러나 이것으로 이 흥미진진함을 마무리 짓기에는 아직 이릅니다. 몸무게 변화의 마지막을 화려하게 장식해 줄 또 하나의 운동이 더 남아 있지요. 그것이 무엇인지 사고 실험으로 알아보겠습니다.

현지가 타고 있는 엘리베이터가 하강하고 있어요.

그런데 이게 웬 마른하늘에 날벼락인가요.

잠시 이상한 소리가 나는가 싶더니 엘리베이터를 들어 올리고 내려

주던 줄이 뚝 끊어지고 만 것이에요.

그다음 상황은 '으아악'.

하강하던 엘리베이터가 자유 낙하를 시작했어요.

현지가 탄 엘리베이터의 추락을 막을 방법은 없어요.

현지의 다리가 후들후들 떨려요.

현지가 그런 다리를 내려다보다가 체중계의 눈금을 보게 되었어요.

그런데 이건 또 무슨 일인가요?

현지는 분명히 체중계에 올라서 있는데 몸무게가 아예 나오지를 않는

거예요.

체중계의 바늘이 0(영)kg을 가리키고 있는 거예요.

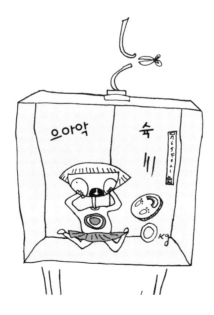

'몸무게가 사라진다'는 다소 뜻밖의 결과가 나왔습니다. 왜 이런 결과가 나왔을까요?

사고 실험으로 알아보겠습니다.

자유 낙하한다는 것은 중력 가속도로 떨어지는 거예요.

자유 낙하는 가속 운동인 거예요.

자유 낙하가 가속 운동이니 관성력이 생길 거예요.

관성력은 운동 방향과는 반대쪽으로 생기잖아요.

관성력이 중력과는 반대 방향인 위로 생기는 이유예요.

관성력은 엘리베이터가 움직이는 힘에 비례해요.

엘리베이터를 움직이는 힘은 중력이에요.

그래서 관성력의 세기는 중력과 같아져요.

이런 경우
알짜 힘이 없는 거지요!

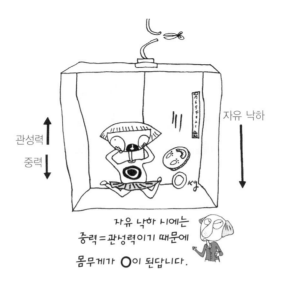

관성력
중력
자유 낙하

자유 낙하 시에는
중력=관성력이기 때문에
몸무게가 〇이 된답니다.

서로 반대쪽으로 작용하는 두 힘의 세기가 같으면 어떻게 되죠?

힘은 없는 거나 마찬가지인 셈이에요.

이 경우도 그와 다르지 않은 상황이에요.

세기가 같은 관성력과 중력이 반대로 작용하고 있으니, 몸무게가

나올 리 있겠어요?

그래요. 몸무게는 0kg이 될 수밖에 없는 거예요.

현지의 몸무게가 0kg이 되는 이유예요.

그렇습니다. 엘리베이터가 자유 낙하하는 경우, 그 안에 탑

승한 사람의 몸무게는 중력과는 반대쪽으로 그 관성력을 받

기 때문에 사라지게 됩니다.

자, 그럼 이 수업을 마무리하는 의미에서 앞의 엘리베이터 상황에 대한 결과를 종합해 보겠습니다.

엘리베이터 정지 때	몸무게 그대로
엘리베이터 가속 상승 때	몸무게 증가
엘리베이터 가속 하강 때	몸무게 감소
엘리베이터 등속 운동 때	몸무게 그대로
엘리베이터 자유 낙하 때	몸무게는 0

만화로 본문 읽기

선생님, 왜 엘리베이터 안에서 몸무게를 재려고 하시는 거예요?

그러게. 내 몸무게는 비밀인데….

아주 재밌는 실험을 하려고 그래요. 이제 엘리베이터가 위로 올라갈 때 체중계를 잘 보세요.

우아, 체중이 올라갔어요.

이거 왜 이러죠?

몸무게는 중력이 끌어당기는 힘이고 중력은 아래로 작용하지요.

관성력은 운동 상태의 변화에 저항하는 힘이기 때문에 운동 방향과 반대 방향이지요. 지금 관성력과 중력이 같은 방향으로 작용하고 있어서 몸무게가 늘어난 거예요.

그러니까 아래로 잡아당기는 힘이 중력 이외에 하나 더 생긴 셈이군요.

상승 중력 관성력

이번엔 반대로 엘리베이터를 타고 내려가 볼까요? 무게가 어떻게 바뀌었나요?

우아, 원래 몸무게보다 훨씬 가벼워졌어요. 너무 좋아요.

위 잉

하강 중일 땐 운동 방향의 반대쪽으로 생기는 관성력이 위로 생기니까 중력에서 관성력을 뺀 만큼 몸무게는 줄었겠네요.

정확하게 맞췄어요.

관성력

하강 중력

엘리베이터가 하강하면서 점차 빨라질 때, 그 안에 탑승한 승객의 몸무게는 관성력만큼 줄어들게 되지요.

오늘 실험은 참 재밌었어요.

몸무게가 늘었다 줄었다 하는 게 꼭 마술 같아요.

뉴턴의 운동 제3법칙

로켓 발사는 작용과 반작용에 의한 현상입니다.
우리 주변에서 일어나는 작용 반작용 현상을 알아봅시다.

9

뉴턴의 운동 제3법칙

라그랑주가 뉴턴의
마지막 운동 법칙을 설명하기 위해
아홉 번째 수업을 시작했다.

작용과 반작용

어느덧 뉴턴의 마지막 운동 법칙을 설명할 때가 되었네요.
뉴턴의 운동 제3법칙은 힘과 힘 사이의 관계를 다루는 법칙
인데, 여기서 한 가지 상황을 생각해 보겠습니다.

설희와 현수가 우주복을 입고 우주 공간에 두둥실 떠 있어요.
설희가 다가와서 현수를 툭 밀어요.
현수가 뒤로 밀려요.

그러나 밀리는 것은 현수만이 아니에요.

설희도 뒤로 밀리기는 마찬가지예요.

현수가 밀린 만큼의 힘으로 똑같이 뒤로 밀리는 거예요.

이 상황을 보면 결국은 두 가지 힘이 발생한 셈입니다. 현수가 밀리는 힘과 설희가 밀리는 힘 말입니다.

이처럼 자연에서 발생하는 힘은 홀로 나타날 수가 없습니다. 두 가지 힘이 서로 상호 작용을 하는 형태로 나타나게 되지요. 이렇게 생기는 두 힘 가운데 한쪽을 작용, 다른 쪽을 반작용이라고 합니다.

작용과 반작용의 엄밀한 구분은 의미가 없습니다. 그냥 한쪽을 작용이라고 정하면, 다른 쪽은 자연스레 반작용이 되는 것입니다. 예를 들어, 설희가 현수를 민 행위를 작용이라고 하면 설희가 뒤로 밀린 것은 반작용이 되는 것이고, 반대로 현수가 뒤로 밀린 것을 작용이라고 하면 현수가 설희를 민 행위가 반작용이 되는 것입니다.

이렇듯 작용과 반작용을 다루는 데 있어서 어느 쪽 힘이 원인이고, 어느 쪽 힘이 결과인지를 구분 짓는 것은 그리 중요하지 않습니다. 서로 힘을 교환하고, 그것이 동시에 일어난다는 게 의미가 있을 뿐입니다. 이것이 바로 뉴턴의 3번째 운동 법칙인 작용과 반작용의 법칙이랍니다.

작용과 반작용의 법칙

하나 : 작용이 있으면 그에 대한 반작용이 반드시 있다.

둘 : 작용과 반작용은 크기가 같다.

셋 : 작용과 반작용은 방향이 반대이다.

작용과 반작용을 구별하는 법

작용과 반작용을 오해하거나 헷갈려 하는 사람들이 더러 있습니다. 그래서 시험 문제도 보면, '다음 중에서 작용과 반작용의 쌍이 아닌 것은 어느 것인가요?'라는 문제가 종종 출제되고는 하지요.

작용과 반작용의 쌍인지 아닌지를 구분하는 결정적인 열쇠는 하나의 물체를 놓고 벌어지는 것이냐 아니냐에 있습니다. 크기가 같고, 방향이 반대라고 해서 그것이 다 작용과 반작용의 쌍은 아닙니다. 그것이 하나의 물체를 놓고서 벌이는 힘 싸움이라면, 절대 작용과 반작용의 관계가 될 수 없다는 말입니다.

예를 들어서 설명하겠습니다.

설희와 현수가 반대쪽에서 동일한 힘으로 서로 힘껏 문을 밀고 있다고 생각해 보세요. 설희와 현수는 문이라는 하나의 물체를 놓고 힘 싸움을 벌이고 있는 겁니다. 그러나 문은 어느 한쪽으로도 밀리지 않지요. 설희가 미는 힘에서 현수가 미는 힘을 뺀 알짜힘이 0(영)이기 때문입니다. 그래서 이런 경우는 작용과 반작용의 쌍이 될 수가 없는 것이랍니다.

이 경우는 작용과 반작용이
성립될 수 없습니다.

돛단배와 강력 선풍기 그리고 작용과 반작용

작용, 반작용과 관련된 유명한 문제 하나를 생각해 보겠습니다.

돛단배의 후미에 초속 50km로 바람을 내뿜는 강력한 선풍기를 달았습니다. 그러고는 선풍기를 돌리자 바람이 돛을 향해서 세차게 나아갑니다. 돛단배는 얼마나 빨리 전진할 수 있을까요?

결론부터 말하면 빨리 달리기는커녕 돛단배는 자칫 후퇴할 가능성이 있답니다. 여기에는 작용과 반작용의 원리가 교묘하게 숨어 있는데, 사고 실험으로 그 이유를 찾아보겠습니다.

선풍기에서 나온 바람이 돛에 닿아요.

바람이 돛에 닿으니 돛단배는 당연히 앞으로 나아갈 것 같지요.

그런데 정말 그럴까요?

선풍기를 로켓이라고 생각해 봐요.

로켓이 가스를 분출하면, 그 반작용으로 로켓이 발사되지요.

선풍기도 마찬가지예요.

선풍기가 앞으로 내보낸 바람의 세기만큼 선풍기도 역으로 힘을 받는 거예요.

로켓이 가스 분사력에 상응하는 힘을 역으로 받는 것처럼 말이에요.

선풍기가 내보내는 힘과 역으로 선풍기를 미는 힘이 반대 방향으로 팽팽히 맞서는 상황이 빚어지는 거예요.

선풍기 바람의 알짜힘이 0(영)이 되는 셈이에요.

이런 상황에서 배가 전진할 수 있겠어요?

그래요, 돛단배는 결코 전진할 수 없어요.

어디 그뿐인가요?

선풍기가 내보낸 바람 전부가 돛에 가 닿는 것도 아니에요.

일부는 돛 옆으로 비켜나게 되어요.

바람의 일부가 돛과 상호 작용을 하지 않는다는 말이에요.

그런 반면 선풍기가 받는 반작용의 힘은 어떤가요?

내보낸 바람의 세기와 동등한 힘을 받잖아요.

돛에 가 닿는 힘보다 반대쪽으로 부는 힘이 더 센 셈이에요.

그러니 돛단배가 어떻게 되겠어요?

전진은커녕 오히려 후퇴할 가능성이 높은 거예요.

오묘한 신비 앞에 그저 놀라울 따름입니다. 이제부터는 작용과 반작용의 법칙을 절대로 어려워하지 마세요.

무슨 고민을 하고 있나요?

제가 과학적으로 연구를 해서 돛단배를 만들었는데 이상하게 움직이지를 않네요.

돛단배의 후미에 작은 선풍기를 달아서 바람이 돛을 향하게 했거든요. 선풍기를 돌리면 배가 세차게 나아가야 하는데 그렇지 않아요.

이렇게 만들면 빨리 나아가기는커녕 자칫 후퇴할 가능성이 있어요.

네? 이건 과학적으로 만든 건데요?

여기에는 작용과 반작용의 원리가 교묘하게 숨어 있지요. 선풍기에서 나온 바람이 돛에 닿으니까 당연히 돛단배가 앞으로 나아갈 것으로 생각했지요?

당연하죠.

그럼 선풍기를 로켓이라고 생각해 보세요. 로켓은 가스를 분출하고 그 반작용으로 상승하는 거예요.

반작용

작용

마찬가지로 선풍기도 내보낸 바람의 세기만큼 역으로 힘을 받아요. 선풍기가 내보내는 힘과 역으로 선풍기를 미는 힘이 팽팽히 맞서는 상황이 된 것이죠.

로켓이 가스 분사력에 상응하는 힘을 역으로 받는 것처럼 말이군요.

그래요. 그래서 선풍기 바람의 알짜힘이 영(0)이 되는 셈이지요. 이런 상황에서는 돛단배가 결코 전진할 수 없어요.

제가 작용과 반작용의 법칙을 깜빡했네요.

알짜힘 = 0

뉴턴의 운동 법칙과 결정론

움직이는 물체의 이동을 정확하게 예측할 수 있을까요?
뉴턴의 운동 법칙에 의해 가능하다는 '결정론'에 대해 알아봅시다.

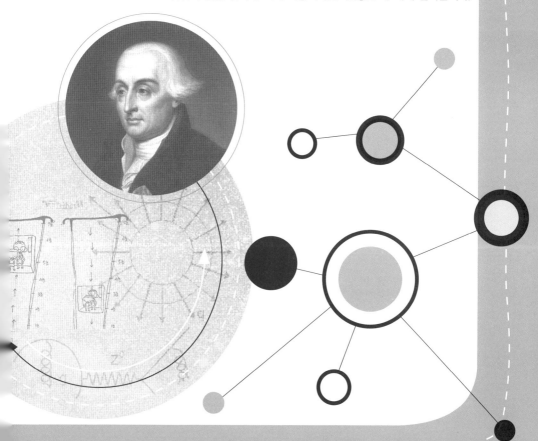

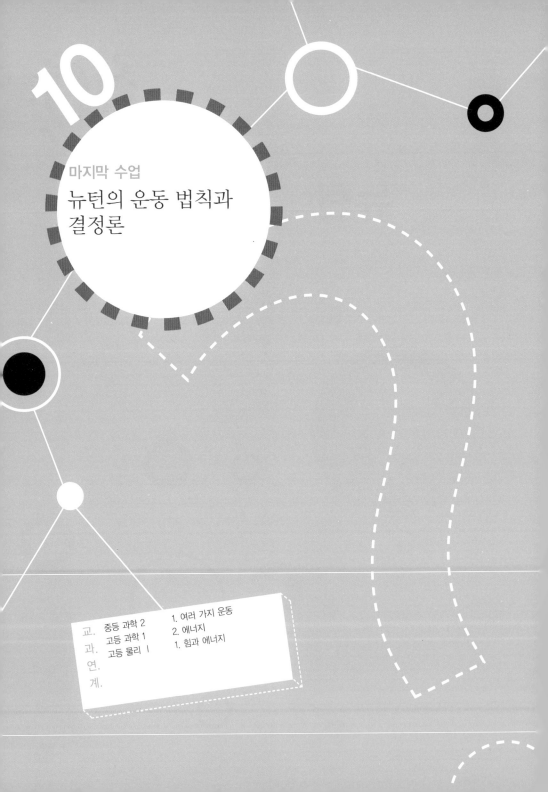

10

마지막 수업
뉴턴의 운동 법칙과
결정론

라그랑주가
지금까지 수업한 내용을 복습한 후
마지막 수업을 시작했다.

원숭이의 운명은

이제 마지막 수업 시간이군요.

이번 수업은 결정론에 대한 것입니다. 결정론이란 초기 조건만 완벽하게 주어진다면 그 다음 상황을 한 치의 오차도 없이 예측할 수 있다는 이론입니다. 이러한 결정론의 확립에 결정적인 기여를 한 과학자가 바로 뉴턴입니다. 자, 그럼 마지막 수업을 시작하겠습니다.

따뜻한 햇볕이 대지를 내리쬐는 초봄의 한낮이었습니다.

원숭이 한 마리가 나무에 걸터앉아 있습니다. 바나나를 맛나고도 푸짐하게 먹고 난 뒤여서 그런지 잠이 마구 쏟아졌습니다. 원숭이는 그대로 잠들었습니다.

그렇게 한 20여 분쯤 지났을까요? 곤한 잠에 취해 있는 원숭이를 향해 슬금슬금 다가오는 발길이 있었습니다.

'그대로만 있어라.'

원시인은 탐욕스러운 눈빛으로 원숭이를 응시하며 한 발짝 한 발짝 조심스레 다가갔습니다.

사정거리에 들어서자 원시인이 활을 들었습니다. 화살은 원숭이의 심장을 정확히 겨누고 있었습니다.

원시인이 숨을 멈춘 뒤 당긴 활을 놓으려는 순간이었습니다. 원숭이가 번쩍 눈을 뜬 것이었습니다. 원숭이가 원시인을 보았습니다. 자신의 심장을 겨누고 있는 화살을 본 원숭이는 석고상처럼 굳어 버렸습니다.

원시인은 이내 활을 놓았고 화살은 원숭이의 심장을 향해 날아갔습니다. 그러나 화살이 발사되는 동시에 놀란 원숭이가 야자수에서 떨어졌습니다.

원숭이의 운명은 어떻게 되었을까요?

총알 명중하다

화살이 원숭이를 빗나갔을까요? 원숭이의 심장에 정확하게 꽂혔을까요?

사고 실험으로 결과를 알아보겠습니다.

떨어지는 원숭이는 중력의 영향을 받아요.

중력 가속도를 받으면서 자유 낙하하는 거예요.

그러나 중력의 영향을 받는 것은 원숭이뿐이 아니에요.

활을 떠난 화살도 중력의 영향을 받아요.

화살도 중력 가속도를 받는 거예요.

그러니 화살도 떨어져야 할 거예요.

그리고 떨어지는 정도도 화살이나 원숭이가 같아야 해요.

동일 시간에 화살과 원숭이가 낙하하는 거리가 다르지 않아야 하는

거란 말이에요.

지구상의 모든 물체는 예외 없이 동등하게 중력을 받으니까요.

원숭이의 심장이 화살로부터 결코 비켜날 수 없는 이유예요.

그렇습니다. 안타깝게도 화살은 원숭이의 심장에 정확히 꽂힌답니다.

과학자의 비밀노트

갈릴레이의 낙하 실험

무거운 물체와 가벼운 물체 중 어느 것이 먼저 땅에 떨어질까? 이 의문에 대한 정확한 해답을 들려준 사람은 이탈리아가 낳은 천재 물리학자 갈릴레이이다. 그는 높이 100m 정도 탑에서 포탄과 작은 총알을 떨어뜨려도 동시에 떨어진다는 사실을 알아냈다. 그것은 2천여 년 동안 진실로 믿어져 왔던 아리스토텔레스의 낙하 법칙을 뒤집는 새로운 실험이었다. 무거운 물체가 가벼운 물체보다 빨리 떨어진다는 아리스토텔레스의 생각은 이 실험을 통해 물체가 똑같이 땅에 떨어진다는 것이 밝혀져 뒤집어지게 된다.

갈릴레이가 중력의 낙하 성질을 증명하기 위해서 무거운 물체와 가벼운 물체를 동시에 떨어뜨리는 실험을 했지요. 이 실험을 통해 무게가 다른 화살과 원숭이가 동시에 떨어진다는 것을 알 수 있습니다.

결정론과 대표적인 결정론자

뉴턴의 운동 법칙은 화살이 날아가는 궤도와 원숭이가 낙하하는 궤도를 정확하게 예측할 수 있습니다. 몇 초 뒤, 화살과 원숭이가 어느 위치에 있을지를 한 치의 오차도 없이 예측할 수 있다는 것입니다.

음,
뉴턴의 운동 법칙대로라면,
미래는 결정된 셈이나
마찬가지군.

뉴턴의 운동 법칙이 예측할 수 있는 것은 이뿐이 아닙니다. 몇 시간이나 며칠 뒤의 인공위성과 우주선의 궤도도 명확하게 짚어내지요.

　　운동 법칙의 이러한 놀라운 특성을 간파한 뉴턴은 더는 두려울 것이 없었습니다. 초기 조건만 정확하게 알 수 있으면 모든 자연 현상의 미래를 예측할 수 있다고 자신 있게 주장한 것입니다. 뉴턴의 결정론이 탄생한 것입니다. 나, 라그랑주와 라플라스는 대표적인 결정론자들입니다. 뉴턴의 결정론은 과학은 물론이고, 사회 문화 전반에 걸쳐 지대한 영향을 끼쳤답니다.

해석 역학을 발전시킨
라그랑주 Louis Lagrange 1736~1813

　라그랑주는 이탈리아의 토리노에서 태어났으며, 라플라스와 비슷한 시대를 살았던 프랑스의 수학자이며 이론 천체 물리학자입니다. 라그랑주도 라플라스처럼 수학과 물리학과 천체 물리학에 지대한 공헌을 하였습니다.

　라그랑주는 일찍이 수학과 과학에 재능을 보였습니다. 영국의 천문학자 에드먼드 핼리가 펴낸 논문집을 읽은 다음부터 수학에 흥미를 느꼈고 그 후 눈부신 업적을 쌓아 나갔습니다. 오일러는 라그랑주를 입에 침이 마르도록 칭찬했고, 1761년에는 생존하는 가장 위대한 수학자의 반열에 올랐을 정도지요.

1764년에는 달의 칭동에 관한 논문으로 파리 과학 아카데미상을 받았습니다. 칭동은 자전과 공전 같은 회전을 하면서 약간의 진동을 하는 현상입니다. 그는 이 논문에서 라그랑주 방정식을 사용했습니다. 라그랑주는 1766년, 1772년, 1774년, 1778년에도 같은 상을 수상하는 영예를 앉았습니다.

1776년에는 프리드리히 대왕에게 초청되어 오일러의 후임으로 베를린 아카데미의 수학자가 되었습니다. 이것은 유럽에서 가장 위대한 수학자가 되었다는 의미였습니다.

그가 해명한 해석 역학은 그때까지 발전한 해석학을 역학에 응용한 것이며, 그의 저서 《해석 역학》에 의해 역학은 하나의 새로운 발전의 단계로 들어서게 되었습니다. 그 외에 정수론·타원 함수론·불변식론 등에 관해 많은 연구 업적이 있습니다.

나폴레옹은 라그랑주를 백작으로 임명했고, 라그랑주는 정치에는 관여하지 않으며 조용하고 겸손한 학자로 일생을 살았습니다.

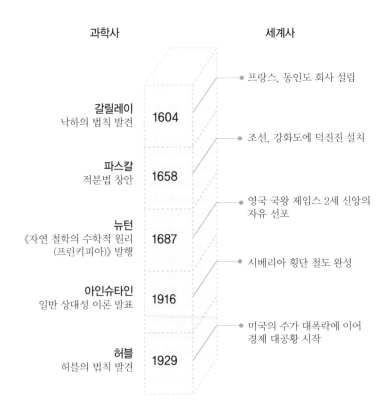

과학사		세계사
		프랑스, 동인도 회사 설립
갈릴레이 낙하의 법칙 발견	1604	
		조선, 강화도에 덕진진 설치
파스칼 적분법 창안	1658	
		영국 국왕 제임스 2세 신앙의 자유 선포
뉴턴 《자연 철학의 수학적 원리 (프린키피아)》 발행	1687	
		시베리아 횡단 철도 완성
아인슈타인 일반 상대성 이론 발표	1916	
		미국의 주가 대폭락에 이어 경제 대공황 시작
허블 허블의 법칙 발견	1929	

1. 물체가 높이 있게 되면서 갖는 에너지는 ☐☐ 에너지, 운동하면서 갖는 에너지입니다.

2. ☐☐ 이 없으면 쇠공은 평면을 내달리면서 힘을 잃어버리지 않습니다.

3. 속도가 변하지 않는 운동은 ☐☐ 운동입니다.

4. 물체가 현재의 상태를 계속 유지하고 싶어하는 성질은 ☐☐ 입니다.

5. ☐☐ 은 관성의 세기를 가늠하는 척도이며, 중력이 잡아당기는 힘은 ☐☐ 입니다.

6. 물리학에서 힘은 표준 물체가 얻는 ☐☐☐ 입니다.

7. ☐☐☐☐☐☐ 는 프랑스 파리 근교의 국제 도량형국에 보관돼 있는 백금으로 만든 원통입니다.

8. 힘의 3요소는 힘의 크기, 힘의 ☐☐, 힘의 작용점입니다.

결정론은 만병통치약처럼 보였습니다. 그러나 그렇지가 않았습니다. 뉴턴의 결정론은 20세기 초에 생긴 양자론이라는 현대 물리학의 큰 기둥을 만나면서 흔들렸습니다. 원자 속으로 들어가자 자연 현상의 예측이 무리라는 사실이 드러난 것입니다. 그러다 보니 사회 현상 쪽의 접근은 더더욱 요원한 일로 여겨졌습니다.

하지만 20세기 중반 여기에 서광이 보이기 시작했습니다. 폴란드 출신의 미국 과학자 만델브로가 프랙털 이론을 내놓은 것입니다. 프랙털 이론은 혼돈에서 규칙을 찾아내는 이론입니다. 프랙털은 비슷한 모양이 반복되며 이어지는 자기 닮음 현상이지요. 세부 구조가 전체 구조를 끊임없이 되풀이하는 현상입니다.

프랙털 현상은 파도, 나뭇가지, 강의 지류, 구름, 눈의 결정, 동물 체내 혈관 등에서 엿볼 수 있습니다. 일렁이는 파도를 보면 그 모양이 복잡하게 보이지만 그 속을 찬찬히 뜯어보면 그렇지가 않답니다. 파도를 찍은 사진의 어느 한 부분을 확대해서 보세요. 파도의 전체 모습이 나타난답니다. 역으로 전체를 축소해서 보면 파도의 한 부분이 나타나지요. 프랙털의 자기 닮음 현상이 담겨 있는 겁니다.

가지를 치며 뻗어 나가는 나뭇가지도 마찬가지입니다. 큰 줄기에서 작은 가지가 뻗어 나가고, 작은 가지는 다시 더 작은 잔가지로 뻗어 나가는 모양이 전체와 부분이 조화를 이루는 프랙털의 자기 닮음 현상입니다.

프랙털의 자기 닮음 현상은 자연 속에만 국한되지 않습니다. 사회 현상과 역사 속에도 녹아 있습니다. 예를 들어, 주식 시장의 흐름을 장기적인 관점에서 보면 유사한 패턴이 계속적으로 반복되며 이어지고 있습니다. 과거부터 현재까지의 주가 변동을 그래프로 나타내 보면 주식 시장의 5년 주기설, 20년 주기설, 30년 주기설이 보이지요. 프랙털의 자기 닮음이라는 속성이 그대로 스며들어 있는 것입니다.

역사는 반복된다는 말이 있듯, 프랙털 이론으로 우리 사회의 미래를 예측해 볼 수 있는 날을 손꼽아 기다려 봅니다.